DIE WAGEMUTIGE ERFINDUNG DER LOGARITHMENTAFELN

Wie Jost Bürgi, John Napier und Henry Briggs
das Rechnen revolutionierten

KLAUS TRUEMPER

Leibniz Company

Softcover published by Leibniz Company
2304 Cliffside Drive
Plano, Texas, 75023
USA

Original edition 2024
Updated edition 2025

Cover Art:
Left column: Bürgi image and table. Center: Briggs table. Right column: Napier image and table. Cover design by Ingrid Truemper.

The book is typeset in LaTeX using the Tufte-style book class, which was inspired by the work of Edward R. Tufte and Richard Feynman.

Sources and licenses for all figures are listed in the Notes section. The licenses implicitly cover the figures of the front cover since they are derived from images in Chapters 5, 10, 13, and 15.

Library of Congress Cataloging-in-Publication Data
Truemper, Klaus, 1942–

Die wagemutige Erfindung der Logarithmentafeln
Includes bibliographical references and subject index.
ISBN 978-0-9991402-8-4
1. Mathematik. 2. Logarithmus

Inhaltsverzeichnis

Vorwort von Fritz Staudacher

Schotten und Schweizer haben eine Gemeinsamkeit: den Erfinder der Logarithmentafeln. Bei den Schotten heißt er John Napier Baron von Merichston (1550-1619), ein an der Universität Edinburgh ausgebildeter Mathematiker und Astronom. Der Schweizer Erfinder der Logarithmentafeln, Jost Bürgi (1552-1632), war Uhrmacher ohne formelle höhere Schulbildung, hatte sich aber autodidaktisch am Hofe des Landgrafen Wilhelm IV von Hessen-Kassel zum Mathematiker, Astronomen und Automatenbauer entwickelt.

Zum 400-Jahr-Jubiläum der Logarithmentafeln Jost Bürgis vergleicht Klaus Truemper die Werke dieser beiden Pioniere einer Rechenmethode, die während drei Jahrhunderten die gesamte Mathematik der Neuzeit prägte – von der Keplerschen Revolution bis zur Mondlandung – und erst dann vom elektronischen Taschenrechner abgelöst wurde.

Zunächst einmal versetzt der Autor die Leserin und den Leser in die Zeit des beginnenden 17. Jahrhunderts zurück, in der im zeitlichen Abstand von etwa einem Jahrzehnt beide Tabellenwerke erstellt werden. Er zeigt auf, wie sie entstehen, wann sie sich in der Praxis durchsetzen und wie sie später von Henry Briggs veredelt werden.

Zum besonderen Talent des Autors zählt seine didaktische Meisterschaft, auch solchen Zeitgenossen Mathematik und Logik beizubringen, die sich vor ihr fürchten. Dabei zeigt er zunächst anhand der geistigen Auseinandersetzung mit den beiden unterschiedlichen Rechenmethoden auf, wie wichtig es ist, erst einmal die richtigen Fragen zu stellen, ohne die man keine richtigen Antworten bekommen kann. Er demonstriert – wiederum konkret am Fall der Zeitgeschichte –, dass falsche Begriffe zu falschen Aussagen führen (müssen) und dass dabei ein Chaos entstehen kann.

So war es auch im Falle der Napierschen Logarithmentafeln, der Bürgischen Prozesstabulen und der Briggschen Zehner-Logarithmentafeln bis heute der Fall. Wenn man das in 21 Schritte – sprich Kapitel – gut lesbar strukturierte Büchlein leichtfüßig bewältigt hat, weiß man nicht nur, wer das Rechnen mit Logarithmentafeln, -scheiben, -schiebern und -stäbchen erfunden hat, sondern auch, wie einfach und elementar Mathematik sein kann und wie man selbst mit der richtigen Fragetechnik und exakten Begriffen auf des Pudels Kern kommt. Ein vergnüglicher und erhellender Spaziergang durch vier Jahrhunderte Mathematik- und Geistesgeschichte!

Fritz Staudacher, Autor der Biographie *Jost Bürgi, Kepler und der Kaiser*

Zur deutschen Ausgabe

Dieses Buch ist die deutsche Version von *The Daring Invention of Logarithm Tables*.

Die Übersetzung wirft ein Problem auf: Wie werden die Dezimalzahlen dargestellt?

Es gibt zwei Methoden: Im ersten Fall trennt man den Dezimalbruch mit dem Dezimalkomma ab, wie etwa in 3,14, und im zweiten Fall mit dem Dezimalpunkt, also 3.14.

Ungefähr die Hälfte der Länder der Welt hat sich für die erste Variante, das Dezimalkomma, entschieden, darunter alle deutschsprachigen Länder. Der Rest, darunter die englischsprachige Welt, benutzt den Dezimalpunkt; siehe Wikipedia „Dezimaltrennzeichen" und „Decimal Separator".

Das ursprüngliche – englische – Buch benutzt dementsprechend den Dezimalpunkt. Wir haben uns entschieden, diese Notation auch in der deutschen Ausgabe zu verwenden, da wir von John Napier und Henry Briggs veröffentlichte Zahlen, die natürlich die englische Notation benutzen, vielfach mit heute errechneten Werten vergleichen. In der Tat hat John Napier den Dezimalpunkt erfunden!

Wir benutzen den Dezimalpunkt auch zur Darstellung der Resultate von Jost Bürgi, damit wir seine Ergebnisse direkt mit denen von Napier und Briggs vergleichen können. Übrigens erfand Bürgi eine hochgestellte kleine Null, um den Dezimalbruch abzutrennen.

Wenn man diese Null schrumpft und auf die Zeile herunter setzt, erhält man den Dezimalpunkt.

1

Einleitung

Ab etwa 50 000 v. Chr. verwendeten die frühen Menschen Kieselsteine, Kerben, Striche oder andere Kennzeichnungen, um Mengen darzustellen. Diese Methoden ermöglichten Addition und Subtraktion sowie einfache Fälle von Multiplikation und Division.

Mit der Zeit ersetzten verschiedene Symbole diese Hilfsmittel und vereinfachten die Rechenprozesse. So entstand die Mathematik.

In den letzten 5 000 Jahren wurden die mathematischen Konzepte weiterentwickelt. Dementsprechend wurde das Rechnen immer komplizierter.

Im 16. und 17. Jahrhundert versuchte man, unerklärlichen und rätselhaften Beobachtungen, etwa der Bewegung der Himmelskörper, mit Hilfe präziser mathematischer Modelle auf den Grund zu gehen. Die Erstellung dieser Modelle erforderte umfangreiches Rechnen, das manchmal Monate oder sogar Jahre in Anspruch nahm.

Die geniale Erfindung der Logarithmentafeln reduzierte diesen Aufwand massiv. In der Tat war das darauf basierende Rechnen um eine Größenordnung effektiver als alle bisher bekannten Methoden. Monate- oder sogar jahrelanges Rechnen konnte in Wochen und manchmal Tagen ausgeführt werden.

Die Logarithmentafeln führten zur Erfindung von Rechengeräten, bei denen Abstände und Winkel die Zahlen der Logarithmentafeln darstellten. Es gab drei solche Instrumente: Rechenschieber, Rechenscheibe und Rechenzylinder. Diese Geräte wurden bis in die zweite Hälfte des 20. Jahrhunderts gebaut.[1]

Die Erstellung der Logarithmentafeln selbst war mühsam und fehlerbehaftet. Das 19. Jahrhundert brachte eine Rechenmaschine, die die Logarithmentafeln mechanisch und fehlerfrei berechnen konnte: die *Differenzmaschine*.[2] Sie führte noch im 19. Jahrhundert zum Konzept des Allzweckrechners *Analytical Engine*[3] und des weltweit ersten Computerprogramms.[4] Die Analytical Engine war viel komplexer als die Differenzmaschine und wurde deshalb nie gebaut. Sie wird wohl auch nie gebaut werden.

In den 1930er Jahren – ungefähr 100 Jahre nach der Erfindung der Analytical Engine – führte ein genialer neuer Ansatz zu einem Allzweckrechner, dessen erste Version nur Metallblech als Baumaterial erforderte.[5]

Die darauf folgende elektronische Revolution produzierte immer schnellere Rechenanlagen, die das menschliche Leben geradezu magisch bereichern.

Und all das begann mit den Logarithmentafeln.

Wir haben diese Tour der mathematischen und rechnerischen Entwicklung mit Warp-Geschwindigkeit unternommen, um die außergewöhnliche Auswirkung der Erfindung der Logarithmentafeln hervorzuheben. Mehrere Artikel und einige Bücher haben bereits das Gleiche getan. So stellt sich die Frage, warum wir noch ein Buch über dieses Thema geschrieben haben. Hier ist der Grund.

Die gegenwärtige Literatur beschreibt in der Sprache der modernen Mathematik, wie die Logarithmentafeln erfunden wurden.

Die Veröffentlichungen berücksichtigen zwar in der Regel, dass bestimmte mathematische Konzepte zum damaligen Zeitpunkt nicht existierten, benutzen diese aber bei der Interpretation der Ereignisse. Dadurch sieht die Erfindung der Logarithmentafeln viel einfacher aus, als sie in Wirklichkeit war.

Stattdessen versetzen wir uns in diesem Buch in das Leben eines der Erfinder. Wir schauen ihm gewissermaßen über die Schulter, wie er über das Problem des effizienten Rechnens nachdenkt und daran arbeitet.

So verstehen wir, wie schwierig die Arbeit an den Logarithmentafeln wirklich war: Zehntausende von Rechenschritten mussten geplant und mit äußerster Präzision ausgeführt werden. Gleichzeitig erleben wir die Magie dieser Erfindung, wie sie im Kopf eines ihrer Schöpfer entsteht.

Es ist Ihnen sicher aufgefallen, dass wir in dieser Einleitung bislang keinen einzigen Namen genannt haben, geschweige denn etwas über das Leben irgendeiner Person berichtet haben. Das geschieht mit Absicht: Wir lernen jeden Mitspieler kennen, wenn wir uns ausführlich mit seinem Leben befassen.

Ja, das Wort „seinem" ist korrekt. Von wenigen Ausnahmen abgesehen, galten Frauen damals als unfähig, wissenschaftlich zu denken. Das sagt etwas über die Männer der Zeit aus und nichts über die Frauen.

In der historischen Literatur hat es eine Kontroverse gegeben, wer die Logarithmentafel erfunden hat und wann. Es gab eine Reihe von widersprüchlichen Behauptungen.

Im letzten Teil dieses Buches gehen wir auf diese Fragen ein und erklären, wie es zu derart unterschiedlichen Ansichten überhaupt kommen konnte. Wie Sie sicher erwarten, bieten wir auch unsere eigene Meinung an.

Unsere Argumente beruhen auf Einsichten in die Denkprozesse des Gehirns und erklären nicht nur die verschiedenen Meinungen, sondern geben auch eine Begründung für unsere Antwort.

Noch eine Bemerkung zur Mathematik: Wir sind überzeugt, dass die Mathematik von Menschen geschaffen wird, und haben ein Buch geschrieben, in dem wir dies begründen.[6] Die Schlussfolgerung steht im Gegensatz zur Überzeugung der meisten Mathematiker, dass die Mathematik ein Teil der Welt ist und entdeckt wird.

Wenn Sie dieselbe Ansicht haben, sollten Sie sich nicht von Ausdrücken wie „Erfindung" stören lassen. Schließlich beruhen die Meinungen nicht auf einer objektiven Realität, sondern hängen von den Modellen der Welt ab, die wir im Kopf haben. Kapitel 9 und 23 von *Wittgenstein and Brain Science: Understanding the World*[7] erörtern diesen Aspekt im Detail.

Das Buch erfordert keine mathematischen Kenntnisse, die über das alltägliche Wissen von Zahlen und den Grundrechenarten Addition, Subtraktion, Multiplikation und Division hinausgehen. Nur selten werden komplizierte Argumente benutzt; die Details sind dann in die Endnoten ausgelagert.

2

Eine scheinbar einfache Notation

Wir fangen mit zwei Variablen x und y an, die wie folgt definiert sind; dabei ist a eine Zahl.

$$x = a \cdot a \cdot a \cdot a \cdot \ldots a \quad \text{(der Faktor } a \text{ tritt } m\text{-mal auf)}$$
$$y = a \cdot a \cdot a \cdot a \cdot \ldots a \quad \text{(der Faktor } a \text{ tritt } n\text{-mal auf)}$$

Offensichtlich haben wir

$$x \cdot y = a \cdot a \cdot a \cdot a \cdot \ldots a \quad \text{(der Faktor } a \text{ tritt } (m+n)\text{-mal auf)}$$

Wir hätten dies auch kompakter ausdrücken können:

$$x = a^m; \quad y = a^n; \quad x \cdot y = a^{m+n}$$

Die Umformulierung sieht sehr einfach aus. Sie ist aber das Ergebnis einer langen Suche nach einem einheitlichen Schema für Produkte von Konstanten und Variablen.

Im Jahr 1637 führte René Descartes (1596–1650) – ein berühmter Philosoph, Mathematiker, und Naturwissenschaftler[8] – diese elegante Notation im Anhang La Géométrie zu seinem Buch *Discours de la méthode* ein.

René Descartes, nach Frans Hals, 1648.[9]

Er schlug die gleiche Notation für Variablen for, also $x^n = x \cdot x \cdot x \cdot x \cdot \ldots x$, wobei x n-mal vorkommt. Descartes

führte auch die Konvention ein, dass
konstante Werte in Formeln mit den
Anfangsbuchstaben $a, b, c, \ldots$ des Alphabets dargestellt werden, und Variablen mit den Endbuchstaben $\ldots$,
x, y, z.

Diese unverbindliche Regel wird im
Allgemeinen auch heute noch einge-
halten.

Die moderne Terminologie für Formeln wie $x = a^m$ ist wie folgt:

a ist die *Basis*. Wenn man sie m-mal
miteinander multipliziert, erhält man

Descartes *Discours de la méthode*,
1637.[10]

den Wert für x. Man sagt auch, dass x eine *Potenz* von a ist, und m
der *Exponent*.

Wenn wir andersherum rechnen, dann sind a und x gegeben, und
wir wollen m bestimmen. In diesem Fall nennen wir m den *Logarithmus* von x.

Noch eine Definition: x ist der *Antilogarithmus* von m.

Die obigen Formeln $x = a^m$, $y = a^n$, und $x \cdot y = a^{m+n}$ geben uns
einen Hinweis, wie die Multiplikation von x und y durchgeführt
werden kann:

Für die gegebene Basis a, finde die Logarithmen von x und y und
erhalte m und n. Addiere m und n und bestimme dann den Antilogarithmus a^{m+n} als den gewünschten Wert von $x \cdot y$.

Wenn wir die Logarithmen m und n für x und y sowie den Antilogarithmus a^{m+n} für $m + n$ leicht bestimmen können, dann haben
wir die Multiplikation der Zahlen x und y auf die Addition ihrer
Logarithmen m und n reduziert.

In ähnlicher Weise können wir Division auf Subtraktion zurück-
führen, Potenzieren auf Multiplikation und Wurzelziehen auf Division.[11] Auf die Einzelheiten kommen wir später zurück.

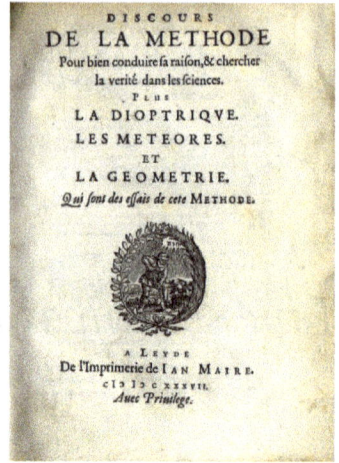

Angesichts dieser offensichtlichen Beziehungen scheint die Idee des Logarithmus und seine Verwendung in der Arithmetik sehr einfach und natürlich zu sein.

Wie wir aber sehen werden, gab es dennoch heftigen Streit unter Historikern, wer dieses Konzept erfunden hat und wann dieses geschah.

Wie ist das möglich? Warum so viel Aufhebens um diese so offensichtlich einfache Idee?

Diese Fragen deuten auf ein tiefes Missverständnis bei der Beurteilung der Entwicklung der Mathematik. Man analysiert vergangene Errungenschaften wie selbstverständlich mit Hilfe moderner Konzepte und Axiome, als wäre das ein natürlicher Schritt, kommt zu dem Schluss, dass an diesen Ergebnissen eigentlich nicht so viel dran ist, und fragt sich dann, warum sie jemals als bedeutsam deklariert worden sind.

In der obigen Beschreibung haben wir genau diesen fehlerhaften Ansatz zugrunde gelegt! Es ist eben einfach falsch zu behaupten, dass die Notation $a^m \cdot a^n = a^{m+n}$ offensichtlich ist und deshalb das Konzept der Logarithmen und die Anwendung in der Arithmetik einfache Erfindungen sind.

Jost Bürgi (1552–1632) und John Napier (1550–1617) arbeiteten jahrelang an der Entwicklung dieser Idee. Das trifft auch auf Henry Briggs (1561–1630) zu, der Napiers Logarithmus in die heute am häufigsten verwendete Form brachte, ebenso wie auf Edmund Gunter (1581–1626) und William Oughtred (1574–1660), die Briggs' Erkenntnisse benutzten, um effiziente Rechengeräte zu entwickeln.

Wenn Sie die Leistung dieser Erfinder wirklich würdigen wollen, müssen Sie sich mehrere Jahrhunderte zurück in die Vergangenheit versetzen. Stellen Sie sich vor, Sie sind Astronom und wollen die Bewegung der Planeten und Sterne mit mathematischen Formeln erfassen.

In Ihrer Arbeit verwenden Sie Dezimalzahlen, jeweils dargestellt durch eine ganze Zahl und einen Dezimalbruch. Ein Beispiel ist

$3\,484\,\frac{138}{1\,000}$, in heutiger Schreibweise[12] $3\,484.138$. Sie kennen weder das Konzept des Logarithmus noch Formeln wie a^m, und Sie haben außer Bleistift und Papier keinerlei Rechenhilfe oder Geräte.

Die Auswertung nur einer Ihrer komplexen Formeln erfordert nun aber Hunderte von Multiplikationen und Divisionen, die Sie mit hoher Genauigkeit durchführen müssen. Wie würden Sie das für all die Formeln, die Sie aufgestellt haben, machen? Gar nicht so einfach, oder?

Wenn Sie vor der Zeit von Bürgi und Napier leben, verzweifeln Sie, da Ihnen mühsames Rechnen über Jahre bevorsteht.

Wenn Sie nach der Erfindung des Logarithmus leben, haben Sie Glück. Sie können nämlich komplizierte Multiplikation und Division mittels einer Logarithmentafel auf einfache Addition und Subtraktion reduzieren und so alle Rechenschritte innerhalb einiger Monate durchführen.

Dieses Buch beschreibt, wie Bürgi, Napier und Briggs die Ideen entwickelten, die effizientes Rechnen mittels Logarithmen ermöglichten.

Da Napier und Briggs ihre Arbeit im Detail dargelegt haben, ist es einfach, ihre Resultate zusammenfassend zu schildern.[13]

Ganz anders ist es bei Bürgi. Zwar hinterließ er eine Logarithmentafel und eine Anleitung zu ihrer Anwendung. Er lieferte aber keinerlei Informationen, mit welchen Methoden er die Tafel berechnet hat oder wieso die Anweisung für die Benutzung der Tafel korrekt ist. Daher können wir nur raten, wie Bürgi auf die Schlüsselideen kam.

Um nicht missverstanden zu werden: Es gibt eine hervorragende Beschreibung von Bürgis Leben und Schaffen;[14] eine detaillierte Behandlung der mathematischen Ergebnisse, die zu der Tafel führten;[15] eine kommentierte englische Übersetzung der Tafel und Bürgis Anleitung zu deren Benutzung;[16] eine tiefgreifende Analyse eines seiner Meisterwerke[17] und weiteres mehr.

Ohne Kritik üben zu wollen, kann man jedoch feststellen, dass diese Arbeiten eher dazu neigen, Bürgis Leistungen aus einem modernen mathematischen Blickwinkel zu betrachten.

In diesem Buch versuchen wir, Bürgis Gedanken bei der Erfindung der Tafel und der Ausarbeitung von Details nachzuvollziehen, wobei wir nur die ihm damals zur Verfügung stehenden mathematischen Konzepte benutzen.

Bevor wir uns auf die Reise begeben, sollten wir die mit den Tafeln verbundene Terminologie festlegen.

Definition der Tafeln

Wir benutzen die vorherige Formel $x = a^m$. Wie schon definiert, ist m der *Exponent* der *Basis a* sowie der *Logarithmus* von x, während x der *Antilogarithmus* von m ist.

Wir stellen uns jetzt eine Tafel mit zwei Spalten vor. In der linken Spalte stehen Werte von x und in der rechten Spalte die entsprechenden Logarithmen m. Man nennt dies eine *Logarithmentafel*.

Wir vertauschen nun die beiden Spalten, so dass wir von links nach rechts für ein gegebenen Wert von m den entsprechenden Wert von x haben. Diese triviale Änderung führt zu einer Namensänderung: Wir haben jetzt eine *Antilogarithmentafel*. Es scheint übertrieben, dass wir die Bezeichnung ändern, nur weil wir die Position der Spalten vertauscht haben, oder?

Hier wird sicher jemand einwenden, dass wir ein wesentliches Merkmal ausgelassen haben, das die beiden Fälle unterscheidet. In einer Logarithmentafel ist der Abstand zwischen aufeinanderfolgenden x-Werten konstant, während in einer Antilogarithmentafel der Abstand der m-Werte konstant ist. Diese Regel vereinfacht die Interpolation[18] von Werten.

Der Einwand ist richtig. Das einzige Problem mit der Forderung nach konstanten Abständen der x-Werte in einer Logarithmentafel ist, dass sie von Napiers Tafel nicht erfüllt wird. In der Tat haben in dieser Tafel weder die x-Werte noch die m-Werte konstanten Abstand, wenn wir die Tafel für allgemeines Rechnen und nicht für spezielle Arithmetik mit Werten der Sinusfunktion $\sin(x)$ benutzen.[19]

Darüber hinaus haben die Tafeln von Bürgi und Briggs kleine Abschnitte, in denen die Abstände in beiden Spalten nicht konstant sind. Bei Bürgi ist dies bei den letzten Einträgen der Tafel der Fall, und bei Briggs, wenn wir seine, oberflächlich gesehen, unvollständige Tafel in eine kleinere, aber vollständige Tafel umformulieren.

Wenn wir also die modernen Definitionen von *Logarithmentafel* und *Antilogarithmentafel* akzeptieren, sind wir gezwungen zu folgern, dass weder Bürgi noch Napier noch Briggs eine der beiden Arten von Tafeln konstruiert hat. Das leuchtet nicht ein, insbesondere angesichts der Tatsache, dass Napier der Erfinder des Wortes „Logarithmus" ist.

Unser Ausweg ist, dass wir einfach den Begriff *Logarithmentafel*, oder noch kürzer *Tafel*, für beide Fälle verwenden und die Forderung nach konstanten Abständen in beiden Spalten fallen lassen. Schließlich ist unser Ziel, die revolutionären Ideen dieser Erfinder mit einer Terminologie darzustellen, die sich auf Gemeinsamkeiten konzentriert und kleine Unterschiede ignoriert.

––––––––––––

Wir sollten betonen, dass die obige Klassifizierung und Beschreibung der Tafeln ausschließlich durch deren *Verwendung* motiviert ist. Es gibt eine andere Betrachtungsweise, die sich auf die *Konstruktion* der Tafeln konzentriert. Unter diesem Blickwinkel begann Bürgi mit Logarithmen und berechnete dann Antilogarithmen. In einfacherer Sprache: Er bestimmte Potenzen einer gegebenen Basis. Deshalb wird oft behauptet, dass Bürgi eine Antilogarithmentafel konstruiert habe. Andererseits begannen sowohl Napier als auch Briggs mit Antilogarithmen und berechneten Logarithmen. Folglich kann man sagen, dass sie Logarithmentafeln erstellt haben.

Die numerische Verwendung jeder der Tafeln ist identisch: Einige Zahlen sind gegeben, man bestimmt ihre Logarithmen durch Nachschlagen in der Tafel und Interpolation, manipuliert diese Logarithmen und benutzt schließlich die Tafel und Interpolation, um für den resultierenden Logarithmus den entsprechenden Antilogarithmus zu bestimmen.

So gesehen haben die Tafeln von Bürgi, Napier und Briggs die gleiche Funktionalität, und deshalb nennen wir jede dieser Tafeln eine *Logarithmentafel*.

Ist es uns mit dieser Erklärung gelungen, möglicherweise aufgebrachte Gemüter zu beruhigen? Das hoffen wir.

Wir können mit der Reise beginnen.

3

Exponenten

Der Begriff „Exponent" taucht zum ersten Mal im 16. Jahrhundert auf, und der Begriff „Logarithmus" im 17. Jahrhundert. In der Tat war die Notation von Exponenten vor dieser Zeit recht verwirrend. Wir behandeln einen Teil dieser Geschichte und fangen mit der Notation für Exponenten von Variablen an.[20]

Exponenten für Variablen

Diophantus von Alexandria (ca. 201-214 bis ca. 284-298) schrieb 13 Bücher über die Lösung von mathematischen Gleichungen. Diese Bücher werden zusammen als *Arithmetica* bezeichnet.

Von den 13 Büchern sind drei verloren gegangen. Aber einige der verbleibenden 10 Bücher werden nach mehr als 1700 Jahres immer wieder neu gedruckt.

Arithmetica verwendet seltsame Symbole für Produkte von Variablen.

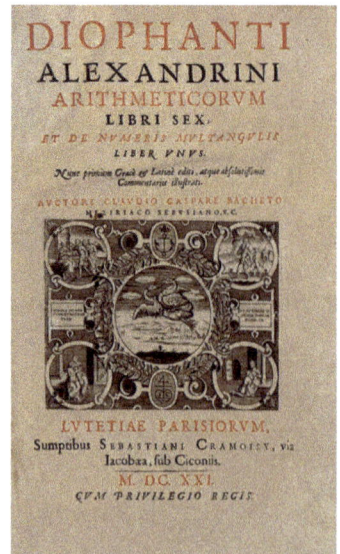

Arithmetica, Ausgabe 1621, übersetzt vom Griechischen ins Lateinische von Claude Gaspard Bachet de Méziriac.[21]

Mit der modernen Schreibweise „·" für Multiplikation und „="
als Gleichheitszeichen, zeigt die folgende Aussage die Verwirrung.
Jeder Term in der folgenden Gleichung ist eine Potenz der gleichen
Variable.

$$\Delta^Y \cdot \Delta^Y \Delta = K^Y K$$

Das Rätsel wird durch die folgende Referenztafel gelöst, wobei die
moderne Notation oberhalb der Linie der *Arithmetica*-Notation unterhalb entspricht.

x	x^2	x^3	x^4	x^5	x^6
δ	Δ^Y	K^Y	$\Delta^Y \Delta$	ΔK^Y	$K^Y K$

Daraus ergibt sich die folgende Erklärung für die obige Gleichung.

$$\frac{x^2 \cdot \quad x^4 \ = \ x^6}{\Delta^Y \cdot \Delta^Y \Delta = K^Y K}$$

Hier sind weitere Beispiele für die Exponentenschreibweise für Variablen.[22] In jedem Fall ist die Variable nicht explizit angegeben.

Nicolas Chuquet (ca. 1455 bis ca. 1500): Der Exponent der Variablen wird als hochgestellte Zahl des Koeffizienten geschrieben. Ein
negativer Exponent wird durch ein angehängtes „.$\tilde{m}$" angezeigt.

$$12^0, 12^1, 12^2, \ldots \text{ bedeutet } 12, 12x, 12x^2, \ldots$$
$$12^{1.\tilde{m}} \text{ bedeutet } 12x^{-1}$$

Pietro Antonio Cataldi (1548–1626): Der Exponent wird an den Koeffizienten als weitere Ziffer angehängt.

$$53 \textit{ via } 84 \text{ fà } 407 \text{ bedeutet } 5x^3 \cdot 8x^4 = 40x^7$$

Adriaan van Roomen (1561–1615), auch bekannt als Adrianus Ro-
manus: Der Exponent ist in ein Kästchen eingeschlossen.

$$1(\overline{45}) \text{ bedeutet } x^{45}$$

Der in der Einleitung eingeführte Jost Bürgi (1552–1632) verwendete hochgestellte römische Zahlen für Exponenten, um sie eindeutig von Koeffizienten zu unterscheiden. Ein Beispiel mit moderner
Notation für Multiplikation und Gleichung:

$$\overset{vi}{4} \cdot \overset{iii}{3} = \overset{vi+iii}{12} = \overset{ix}{12} \text{ bedeutet } 4x^6 \cdot 3x^3 = 12x^{6+3} = 12x^9$$

Johannes Kepler (1571–1630), der, wie wir später sehen werden, sehr von der Arbeit von Bürgi profitierte, übernahm die Notation von Bürgi.

Bei Konstanten ist die Situation ganz anders.

Exponenten für Konstanten

Im Griechenland der Antike stellten die Buchstaben des Alphabets die Zahlen dar.[23]

A (alpha) = 1, B (beta) = 2, Γ (gamma) = 3, ...
I (iota) = 10, K (kappa) = 20, Λ (lambda) = 30, ...
P (rho) = 100, Σ (sigma) = 200, T (tau) = 300, ...
^{A}ꙅ = 1 000, ^{B}ꙅ = 2 000, ^{Γ}ꙅ = 3 000, ...; ꙅ ist der archaische Buchstabe Sampi.

Die größte Zahl, die durch einen einzigen Buchstaben dargestellt wurde, war M (mu) = 10 000. Sie wurde „μυριας" (myrias, deutsch Myriade) genannt. Dieser Begriff bedeutete auch „sehr große Menge", genau wie heute.

Aufgrund der unterschiedlichen Symbole für jede Potenz von 10 förderte das umständliche System die Vorstellung, dass man wirklich große Zahlen nicht erzeugen konnte. So glaubte man insbesondere, dass die Anzahl der Sandkörner an den Stränden der Welt, wenn nicht unendlich, so doch zumindest so groß war, dass sie niemals mit einer Zahl erfasst werden könnte. Archimedes (287(?)–212 v. Chr.) bewies, dass diese Behauptung falsch war, indem er zeigte, wie beliebig große Zahlen erzeugt werden können.

Archimedes

Archimedes war nicht nur der größte Mathematiker des Altertums, sondern auch ein hervorragender Physiker, Ingenieur,

Erfinder und Astronom. Er berechnete als Erster Flächen über Parabeln sowie Volumen- und Flächenverhältnisse für Kugeln und Zylinder. Damit schuf er einen Vorläufer der Infinitesimalrechnung, die im 17. Jahrhundert – und damit 1900 Jahre später – von Leibniz und Newton entwickelt wurde.[24]

Von besonderem Interesse hier ist sein Beweis, dass die Zahl der Sandkörner, die das gesamte Universum ausfüllen würden – in moderner Notation – weniger als 10^{63} ist.[25]

In dem Beweis stellte er das folgende bahnbrechende Theorem auf. Der Text in eckigen Klammern formuliert Archimedes' Behauptung mit Descartes' Notation. Das Fehlen dieser Notation zur Zeit von Archimedes ist der Hauptgrund, dass das Theorem so kompliziert ist.

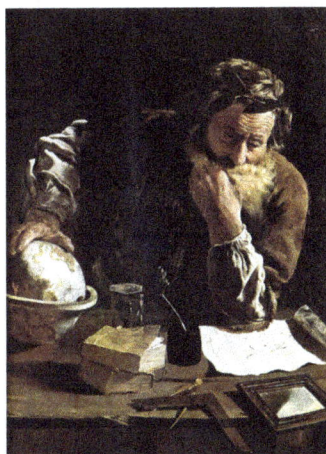

Archimedes, von Domenico Fetti, 1620.[26]

Theorem: Wenn es eine beliebige Anzahl von Termen einer Reihe in fortgesetzter Proportion gibt, sagen wir $A_1, A_2, A_3, \ldots, A_m, \ldots, A_n, \ldots, A_{m+n-1}, \ldots,$ von denen $A_1 = 1, A_2 = 10$ [so dass die Reihe die geometrische Progression $1, 10^1, 10^2, \ldots 10^{m-1}, \ldots, 10^{n-1}, \ldots, 10^{m+n-2}, \ldots$ darstellt], und wenn zwei beliebige Terme wie A_m, A_n genommen und multipliziert werden, ergibt das Produkt $A_m \cdot A_n$ einen Term derselben Reihe und so viele Terme von A_n entfernt, wie A_m von A_1 entfernt ist; auch wird es von A_1 um eine Anzahl von Termen entfernt sein, die um eins geringer ist als die Summe der Anzahl von Termen, um die A_m und A_n von A_1 entfernt sind.

In moderner Schreibweise lässt sich das Theorem wie folgt zusammenfassen: Für alle $m \geq 1$ und $n \geq 1$, $10^m \cdot 10^n = 10^{m+n}$. Was für eine Vereinfachung bringt Descartes' Notation!

Wenige Jahre nach Archimedes definierte Apollonius von Perga (240 bis ca. 190 v. Chr.) mit M und den Anfangsbuchstaben des griechischen Alphabets die folgenden Zahlen:

$$\overset{\alpha}{M} = 10\,000^1;\ \overset{\beta}{M} = 10\,000^2;\ \overset{\gamma}{M} = 10\,000^3;\ \overset{\delta}{M} = 10\,000^4;\ \dots$$

Aber abgesehen von solchen vereinzelten Resultaten für Exponenten einer bestimmten Zahl wurden Exponenten für Konstanten als unnötig angesehen. Zum Beispiel, wenn der Fall $3 \cdot 3 \cdot 3 \cdot 3$ auftrat, berechnete und verwendete man den resultierenden Wert 81 ($= 3 \cdot 3 \cdot 3 \cdot 3$). Daher war eine umfassende Notation wie 3^4 anscheinend uninteressant.

Eine Änderung trat 1800 Jahre nach Archimedes, im Jahr 1544, ein, wie wir im nächsten Kapitel erfahren.

4

Michael Stifel

Michael Stifel (1487–1567) hatte eine erstaunliche Karriere. Zunächst wurde er Priester, später schlug er sich auf die Seite Martin Luthers, studierte Mathematik und wurde schließlich 1558 der erste Professor für Mathematik an der neu gegründeten Universität in Jena.[27]

Im Jahr 1544 veröffentlichte er das bahnbrechende Buch *Arithmetica Integra*. Es enthält die folgende Tafel auf der Rückseite des Folio 249.[29]

Michael Stifel.[28]

In der oberen Zeile sind die aufeinander folgenden Einträge durch *Addition* von 1 definiert. Die Zahlen bilden also eine *arithmetische*

Progression. Stifel nennt die Zahlen der oberen Zeile *Exponenten,* weil sie, nun ja, „exponiert" sind.

In der unteren Zeile werden die aufeinander folgenden Einträge durch *Multiplikation* mit 2 erzeugt. Dies ist also eine *geometrische Progression.* Diesen Einträgen geben wir keinen besonderen Namen, wir nennen sie einfach nur *Zahlen.* Gemäß der Definitionen in Kapitel 2 ist die Tafel ein Teil der Antilogarithmentafel zur Basis 2, wenn man die Zeilen als Spalten interpretiert.

Hier ist die entscheidende Beobachtung von Stifel: Angenommen, wir *multiplizieren* zwei Zahlen in der unteren Reihe und erhalten eine dritte Zahl. Wenn wir die Exponenten dieser zwei Zahlen *addieren,* erhalten wir den Exponent der dritten Zahl.

Der Berechnungsprozess benutzt implizit folgende Tatsache: Für beliebige m und n gilt $2^m \cdot 2^n = 2^{m+n}$. Dies ist der Satz von Archimedes für die Zahl 2, erweitert auf negative Exponenten.

Wenn wir also zwei Zahlen der unteren Reihe multiplizieren wollen, addieren wir einfach ihre Exponenten, gehen zu der Stelle, an der diese Summe als Exponent auftritt, und finden das Ergebnis unter diesem Exponenten.

Hier ist ein Beispiel: Die Multiplikation $\frac{1}{4} \cdot 8 = 2$ wird auf die Addition $-2 + 3 = 1$ reduziert.

$\boxed{-2}$	-1	0	1	2	$\boxed{3}$
$\boxed{\frac{1}{4}}$	$\frac{1}{2}$	1	2	4	$\boxed{8}$

$\Longrightarrow$

-2	-1	0	$\boxed{1}$	2	3
$\frac{1}{4}$	$\frac{1}{2}$	1	$\boxed{2}$	4	8

Stifels Verfahren vereinfacht die Multiplikation von Zahlen zur Addition von Exponenten. In ähnlicher Weise wird die Division von Zahlen zur Subtraktion von Exponenten, das Potenzieren einer Zahl wird Multiplikation des Exponenten mit der angegebenen Potenz, und das Wurzelziehen ist reduziert auf Division des Exponenten durch die angegebene Wurzel.[30]

Stifel stellte zwar diese Beziehungen auf, konnte sie aber nicht effektiv nutzen. Denn die vereinfachten Berechnungen konnten nur durchgeführt werden, wenn die angegebenen Zahlen in der unteren Reihe vorkamen. Diese Reihe enthielt aber bei weitem nicht alle möglichen Fälle.[31]

Der Sprung von Archimedes' Resultaten in Kapitel 3 zu Stifels *Arithmetica Integra* in diesem Kapitel könnte den falschen Eindruck erwecken, dass es dazwischen keine weiteren Arbeiten zum Thema Logarithmus gab. So ist das nicht. Wir skizzieren ein Beispiel.

Der indische Mathematiker und Philosoph Acharya Virasena (792–853) beschrieb das Konzept von *Ardha Chheda* in seinem Kommentar *Dhavala* der Jain-Mathematik.[32]

Acharya Virasena.[33]

Ardha Chheda ist die Anzahl n, wie oft eine gegebene ganze Zahl x halbiert werden kann und das Resultat ganzzahlig ist. Das bedeutet Folgendes. Wenn die gegebene ganze Zahl x eine Potenz von 2 ist, ist Ardha Chheda der binäre Logarithmus von x. Ansonsten ist $x = 2^n \cdot y$, mit y ungerade.

Virasena beschrieb verschiedene Regeln, die das Konzept von Ardha Chheda benutzten, und entwickelte auch analoge Resultate für die Basen 3 und 4.

Wir haben uns hier auf Stifels *Arithmetica Integra* konzentriert, da seine Tafel ein Vorläufer der Logarithmentafeln ist und auch negative Exponenten berücksichtigt.

Wie konnte Stifels Beschränkung auf Potenzen von 2 eliminiert werden? Etwa 50 Jahre nach Stifels Veröffentlichung löste Bürgi dieses Problem.

5
Jost Bürgi

Jost Bürgi (1552–1632) wurde in Lichtensteig, Schweiz geboren und wuchs
dort auf. Damals war Lichtensteig ein
kleines Dorf. Er hatte nur eine Grund-
schulausbildung und begann sein Er-
wachsenenleben mit einem Wissen,
das auf elementare Mathematik und
einfaches Schreiben begrenzt war.

Er hatte nie Latein gelernt, die damals übliche Sprache für wissenschaftliche und mathematische Arbeiten.[34]
Trotz dieses benachteiligten Anfangs
wurde er:

Jost Bürgi.[35]

- ein Meister für den Bau sehr genauer Uhren, Maschinen[37] und Instrumente;

- ein hervorragender Mathematiker,
  der Werkzeuge wie Sinustafeln mit
  unübertroffener Genauigkeit[38] und
  die später besprochene Logarithmentafel entwickelte;

Proportionalzirkel.[36]

- ein Astronom, der Instrumente und Messungen der Himmelskörper für Kepler lieferte, der ihn als ebenbürtigen Mitarbeiter anerkannte.

Als Bürgi sich für die Vereinfachung von Multiplikation, Division, Potenzieren und Wurzelziehen interessierte, hatte er bereits die Darstellung von Dezimalzahlen und die damit verbundene Arithmetik erarbeitet.

Himmelsglobus von Jost Bürgi, 1594, Schweizerisches Landesmuseum, Zürich.[39]

Dezimalsystem

Simon Stevin (ca. 1548–1620), ein Ingenieur und Mathematiker mit breit gefächerten Interessen, wird manchmal als der Erfinder des dezimalen Zahlensystems angesehen, da er 1585 das 35-seitige Büchlein *De Thiende* („Die Kunst der Zehntel") über das Dezimalsystem auf Niederländisch sowie die französische Version *De Disme*[41] veröffentlichte.

Aber eine genauere Untersuchung zeigt, dass es frühere und spätere Mitwirkende gab, wobei Bürgi zur letzteren Gruppe gehört.[42]

Simon Stevin. [40]

In Anbetracht der verschiedenen Ideen und Konzepte scheint es angemessener zu sein, diese Personen, einschließlich Stevin, als Miterfinder des dezimalen Zahlensystems und der damit verbundenen Arithmetik zu betrachten.

Notation für Dezimalzahlen

Damals wurden zahlreiche Notationen verwendet, um den Unterschied zwischen der ganzen Zahl einer Dezimalzahl und dem nachfolgenden Dezimalbruch anzuzeigen. Hier sind zwei Beispiele:[43]

Stevin trennte die Ziffern des Dezimalbruchs durch eingekreiste Zahlen, die die relative Position der Ziffern angeben. Zum Beispiel stellt 348⓪5①2②7③9 die Zahl 348.5279 dar.

Das Setzen der mit Kreisen umschriebenen Zahlen bereitete Schwierigkeiten. In einer englischen Übersetzung mit dem Titel *Disme: The Art of Tenths, or Decimall Arithmetike*,[44] ersetzte Robert Norton (verstorben 1635) Stevins Kreise mit runden Klammern. Die Notation 348⓪5①2②7③9 für 348.5279 wurde also $348^{(0)}5^{(1)}2^{(2)}7^{(3)}9$.

Bürgi vermied solch umständliche und überflüssige Notation. Er erkannte, dass er nur den Übergang von der ganzen Zahl zum Dezimalbruch zu markieren brauchte. Er tat dies mit einer hochgestellten kleinen Null „o" über der niedrigsten Ziffer der ganzen Zahl.[45] Zum Beispiel, seine Zahl 23027͐0022 ist in moderner Notation 230270.022. Kepler übernahm die Idee von Bürgi, benutzte aber „(" als Trennzeichen.[46]

Napier führte die endgültige Vereinfachung ein. Anstelle eines hoch- oder tiefgestellten Symbols verwendete er einen Punkt zur Trennung der ganzen Zahl vom Dezimalbruch. Damit war der Dezimalpunkt geboren.[47]

Wie hat Bürgi seine Logarithmentafel entwickelt?

Wir beantworten die Frage in den folgenden Kapiteln in zwei Schritten.

Der erste Schritt ist etwas ungewöhnlich. Wir schauen Bürgi über die Schulter, während er seine Ideen ausarbeitet, und nehmen an – was anfangs etwas eigenartig anmuten wird –, dass Bürgi über eine mathematische Notation verfügte, die es zu seinen Lebzeiten noch nicht gab. Insbesondere tun wir so, als ob er Descartes' Notation für Exponenten gekannt hätte. So versteht und benutzt er Ausdrücke wie 10^8 oder $1.0001^{1\,500}$, obwohl Descartes die Notation für Exponenten erst im Jahr 1637 einführte, also fünf Jahre nach Bürgis Tod im Jahr 1632.

Unter dieser Annahme können wir Bürgis Arbeit mit modernen und leicht verständlichen Begriffen beschreiben. Das betrifft insbesondere eine bestimmte Logarithmentafel, die anders ist als die von ihm veröffentlichte. Am Ende dieses ersten Schrittes haben wir ein *Verständnis* seiner Arbeit, ausgedrückt in der Terminologie der modernen Mathematik.

Im zweiten Schritt sehen wir uns die tatsächlich veröffentlichte Tafel und Bürgis Anleitung an und entwickeln, wie er die Tafel höchstwahrscheinlich erstellt hat und wie sie verwendet werden sollte. Für diese *Interpretation* benutzen wir die Einsicht des ersten Schritts, beschränken aber die Argumente und Schlussfolgerungen auf Begriffe und Konzepte, die zu seiner Zeit verfügbar waren.

Sie fragen sich wohl, warum wir so vorgehen.

Seit dem 19. Jahrhundert gab es verschiedene Behauptungen und Gegenbehauptungen über die Interpretation von Bürgis Tafel und Methode.[48] Die Mängel einiger dieser Argumente werden deutlich, wenn man zwischen dem *Verstehen* seiner Arbeit und der *Interpretation* unterscheidet, wie hier vorgeschlagen.

Wir beginnen mit dem ersten Schritt, in dem wir uns Bürgis Konstruktion der Logarithmentafel in Descartes' Notation vorstellen.

6

Bürgis Konstruktion

Wir stellen uns Bürgis Bau einer Logarithmentafel vor unter der Annahme – im Gegensatz zu der tatsächlichen Situation –, dass er Descartes' Notation für diese Arbeit zur Verfügung hatte. Für eine Basis b hat die Tafel also eine Anzahl von Paaren mit Einträgen x und $y = b^x$.

Bürgi verlangt, dass die Tafel durch manuelles Rechnen leicht gebaut werden kann und dennoch groß genug ist, präzise Multiplikation und Division beliebiger Zahlen zu ermöglichen.

Er verwandelt diese widersprüchlichen Ziele in die folgenden detaillierten Bedingungen.

1. Die Tafel soll nur Dezimalzahlen im Bereich 1.0–10.0 enthalten, da alle außerhalb liegenden Zahlen leicht durch Skalierung mit Potenzen von 10 in diesen Bereich gebracht werden können.

2. Die Exponenten sind die ganzen Zahlen $x = 0, 1, 2, 3, \ldots$ Die zugehörigen Zahlen $y = b^x$ sollen ebenfalls zunehmen. Daher muss die gewählte Basis b größer als 1.0 sein. Außerdem muss die Basis so gewählt werden, dass die Zahlen y leicht berechnet werden können.

3. Die Tafel muss genügend Zahlen y zwischen 1.0 und 10.0 enthalten, so dass die Exponenten x der fehlenden Zahlen mit

ausreichender Genauigkeit mittels Interpolation[49] von den Tafeleinträgen berechnet werden können.

Wir fahren mit unserer fiktiven Geschichte fort und sehen, wie Bürgi eine Basis auswählt, die diese Forderungen erfüllt.[50]

Eine geniale Basis

Bürgi entscheidet sich für eine Basis der Form $1.0\ldots01$, wobei die genaue Anzahl der Nullen, die die beiden Einsen trennen, noch zu bestimmen ist. Unabhängig von der konkreten Wahl ist die Berechnung der fortlaufenden Zahlen für die Tafel dann sehr einfach.

Nehmen wir zum Beispiel an, die Basis ist 1.0001, und wir haben bereits $1.0001^{3\,500} = 1.419\,042\,72$ berechnet. Die nächste Zahl ist

$$1.0001^{3\,501} = 1.0001 \cdot 1.0001^{3\,500} = 1.0001 \cdot 1.419\,042\,72$$

Man erhält sie, indem man unter $1.419\,042\,72$ die gleiche Ziffernfolge um vier Stellen nach rechts verschoben schreibt, und dann die beiden Zahlen addiert. Also:

$$
\begin{array}{r}
1.419\,042\,72 \\
+\,\underline{0.000\,141\,904\,272} \\
1.419\,184\,62
\end{array}
$$

Somit benötigt Bürgi nur elementare Additionsschritte, um die Tafel zu konstruieren. Wir überspringen an dieser Stelle die Überprüfung auf Rundungsfehler, die er sicherlich ausführt.[51]

Wie bestimmt Bürgi die spezifische Form von $1.0\ldots01$?

Die gewählte Basis

Je näher die Basis $1.0\ldots01$ an 1.0 liegt – das heißt, je mehr Nullen zwischen den beiden Einsen liegen –, desto mehr Zahlen fallen in den Bereich 1.0–10.0. Zwei Überlegungen beeinflussen die Wahl: Die implizite Genauigkeit der Tafel – ein Konzept, das im Folgenden definiert wird – und der Arbeitsaufwand für die Berechnung.

Implizite Genauigkeit der Tafel

Unabhängig von der Genauigkeit, mit der die Einträge der Tafel berechnet werden, führt die Interpolation für Zwischenwerte zu unvermeidbaren Fehlern und schränkt damit die Genauigkeit ein.[52] Diese Fehler können auf zwei Arten auftreten: Wenn ein x gegeben ist und das entsprechende $y = 1.0\ldots01^x$ gefunden werden soll, und wenn der umgekehrte Prozess durchgeführt wird.

Die beiden Fälle sind eng miteinander verknüpft, und Bürgi untersucht höchstwahrscheinlich nur den Fehler, wenn y für ein bestimmtes x abgeleitet werden soll. Wir nennen die Genauigkeit, mit der die Interpolation diesen Schritt durchführt, die *implizite Genauigkeit* der Tafel.

Bürgi bestimmt zuerst die implizite Genauigkeit für die Basis $b = 1.1$. Berechnungen mit 7-stelliger Genauigkeit ergaben in weniger als einer Stunde die folgende Tafel mit 26 Einträgen. Der Logarithmus x von y wird mit $\log_{1.1}(y)$ bezeichnet, damit die Basis $b = 1.1$ explizit angezeigt wird.

y	$\log_{1.1}(y)$
1.000 000	0
1.100 000	1
1.210 000	2
$\cdots$	
3.138 428	12
3.452 271	13
3.797 498	14
$\cdots$	
8.954 302	23
9.849 733	24
10.000 000	24.153 (ca.)[53]

Als nächstes untersucht er die Genauigkeit, wenn er Tafeleinträge interpoliert, um y für einen gegebenen Logarithmuswert x zu erhalten. Mit Hilfe eines numerischen Tests stellt Bürgi fest, dass der maximale Interpolationsfehler im Wesentlichen immer beim Mittelpunkt zwischen benachbarten Logarithmuswerten eintritt.[54] Dementsprechend untersucht er, wie gut für jede ganze Zahl x der Mittelpunkt zwischen 1.1^x und 1.1^{x+1} den Wert $1.1^{x+0.5}$ annähert. Wir bezeichnen den Interpolationsfehler an diesem Punkt mit $D_{1.1}$.

In wenigen Rechenschritten[55] bestimmt er $D_{1.1} = 0.0012$. Diese implizite Genauigkeit reicht nicht aus. Daher kann die Basis 1.1 nicht verwendet werden.

Er berechnet nun den Fehler D_b für die Basen $b = 1.01$, 1.001, 1.0001 und so weiter.[56] Die nachstehende Tafel enthält die Ergebnisse.

Basis b	Max. Fehler D_b	Genauigkeit (Stellen)
1.1	0.0012	3
1.01	0.000 012	5
1.001	0.000 000 12	7
1.0001	0.000 000 0012	9
1.000 01	0.000 000 000 012	11

Die Spalte „Genauigkeit (Stellen)" enthält die Anzahl n der Stellen nach dem Dezimalpunkt, für die die Interpolation im Wesentlichen genau ist. Wir sagen „im Wesentlichen", da wir an der n-ten Stelle des Fehlers eine 1 zulassen.

Zum Beispiel, für die Basis $b = 1.001$ haben wir $D_b = 0.000\,000\,12$. Die erste Nicht-Null-Stelle nach dem Dezimalpunkt steht an der Position $n = 7$ und ist gleich 1. Daher hat die Interpolation eine Genauigkeit von 7 Stellen.

Er stoppt mit der Basis $b = 1.000\,01$, da der geschätzte maximale Fehler auf den kleinen Wert 0.000 000 000 012 geschrumpft ist. Dies ergibt eine beeindruckende implizite Genauigkeit von 11 Stellen.

Wenn die Einträge der Tafeln selbst eine 11-stellige Genauigkeit aufweisen, dann kann die Berechnung eines beliebigen y-Wertes im Wesentlichen mit derselben Genauigkeit durchgeführt werden. Wie viele Additionen erfordert die Berechnung dieser Tafel? Bürgi geht dieser Frage als nächstes nach.

Schätzung des Rechenaufwands

Wir haben gesehen, dass die Logarithmentafel für die Basis 1.1 $N = 24$ Einträge hat, wenn wir den letzten Eintrag für $y = 10.0$ außer Acht lassen.

Was passiert bei der nächst kleineren Basis 1.01? Bürgi weiß, dass $1.1 \simeq 1.01^{10}$, was bedeutet, dass der Aufwand von $N = 24$ Additionen ungefähr um den Faktor 10 auf $N \simeq 240$ Additionen wächst. Das trifft generell zu: Jedes Mal, wenn er zur nächst kleineren Basis übergeht, wächst der Aufwand um den Faktor 10.

Gemäß dieser Regel produziert die Basis 1.001 einen immer noch kleinen Wert $N \simeq 2\,400$, während 1.0001 eine einschüchternde Zahl $N \simeq 24\,000$ bringt, und 1.00001 einen riesigen Aufwand $N \simeq 240\,000$ erfordert, der die Konstruktion oder auch nur den Druck der Tafel ausschließt.[57] Dementsprechend gibt er die Basis 1.00001 auf und nimmt den nächstgrößeren Wert, 1.0001. Die Interpolation hat eine Genauigkeit von 9 Stellen.

Wahl der Genauigkeit

Um die 9-stellige Genauigkeit der Interpolation zu nutzen, müssen die Einträge in den Tafeln selbst mit dieser Genauigkeit berechnet werden.[58] Dies erfordert eine höhere Genauigkeit bei den Berechnungen, um Rundungsfehler zu vermeiden.[59]

Offensichtlich ist die Wahl von 9 Stellen optimal. Denn hätte er eine höhere Genauigkeit gewählt, dann wäre die Gesamtgenauigkeit aufgrund des Interpolationseffekts immer noch auf 9 Stellen beschränkt gewesen. Hätte er hingegen eine niedrigere Genauigkeit gewählt, dann wäre dies eben die Gesamtgenauigkeit geworden.[60]

Hat Bürgi die obigen Berechnungen oder eine gleichwertige Version durchgeführt, um die optimalen 9 Stellen auszuwählen? Es ist sehr wahrscheinlich. Denn die Berechnungen sind nicht schwierig. Und wie wahrscheinlich ist es, dass er zufällig eine optimale Anzahl von Stellen von den durchführbaren Werten gewählt hat, sagen wir zwischen 6 und 12? Unserer Meinung nach ist das sehr unwahrscheinlich. Im Gegenteil, wir interpretieren die Auswahl der optimalen 9 Stellen als einen weiteren Beweis, dass er erstklassige mathematische Arbeit leistete.

Bürgi ist jetzt soweit, die Tafel zu konstruieren. Wir wissen nicht, wie lange Bürgi braucht, um die gesamte Tafel zu ermitteln, aber wahrscheinlich dauert es ein paar Monate. Es stellt sich heraus, dass die Berechnung insgesamt $N = 23\,027$ Additionen erfordert.

Darstellung von 10.0

Als letzten Wert errechnet Bürgi $1.0001^{23\,027} = 9.999\,997\,79$ – der korrekt gerundete Wert ist $9.999\,997\,80$. Dieser Wert ist zu klein, um 10.0 mit 9-stelliger Genauigkeit darzustellen. Der nächste Wert, $1.0001^{23\,028} = 10.000\,997\,80$ ist zu groß. Deshalb ist mehr Arbeit erforderlich, um 10.0 in der Tafel darzustellen.

Durch Interpolation mit den Werten $9.999\,997\,79$ für den Exponenten $23\,027$ und $10.000\,997\,80$ für den Exponenten $23\,028$, erreicht Bürgi 10.0 mit $N = 23\,027.0022$. Bürgi gibt für dieses N den Wert $9.999\,999\,99$ an. Dieses Ergebnis entspricht den ersten 9 Ziffern des exakten $1.0001^{23\,027.0022} = 9.999\,999\,996\ldots$ Gerundet ergeben beide Zahlen den gewünschten Wert 10.0.

Wir nennen den Wert 23 027.0022 die *Bürgi-Konstante*. Die rote Farbe der Zahl ist kein Zufall. In der Tat, von jetzt an werden Exponentenwerte in Verbindung mit Bürgis Tafel mit Rot dargestellt.

Wie wir in Kapitel 8 sehen werden, steht dies im Einklang mit der Verwendung von Rot in der von Bürgi veröffentlichten Tafel.

Bürgi-Konstante und Skalierung

Die Bürgi-Konstante und Skalierung mit Potenzen von 10 sind offensichtlich wie folgt verknüpft. Für ein gegebenes k ändert sich der Wert von 1.0001^n nicht, wenn man ihn mit 10^k multipliziert und $k \cdot 23\,027.0022$ vom Exponenten n abzieht. Somit haben wir für jede ganze Zahl k die *Bürgi-Skalierung*

$$1.0001^n = 10^k \cdot 1.0001^{n-k \cdot 23\,027.0022}$$

In Kürze führen wir auch eine *Anfangsskalierung* mit Potenzen von 10 ein. Diese Skalierung benutzt nicht die Bürgi-Konstante und vereinfacht die kommenden Rechenprozesse wesentlich.

––––––––––––––––––

Die Logarithmentafel, die auf der oben beschriebenen Methode beruht, unterscheidet sich von der von Bürgi 1620 veröffentlichten Tafel durch eine Skalierung der Werte. Daher nennen wir sie *Bürgis skalierte Tafel*. Das nächste Kapitel beginnt mit einem Auszug dieser Tafel. Wir sehen dann, wie sie für effiziente Multiplikation, Division, Potenzieren und Wurzelziehen verwendet werden kann.

7
Rechnen mit Bürgis skalierter Tafel

In diesem Kapitel sehen wir, wie die skalierte Tafel eine vereinfachte Arithmetik ermöglicht. Bürgi hätte wahrscheinlich einen ähnlichen Ansatz entwickelt, wenn er Descartes' Notation für Exponenten von Konstanten gekannt hätte.

Wir fangen mit einem Ausschnitt der skalierten Tafel an. Das Format ist wie in Kapitel 1 beschrieben, also mit zwei Spalten. Die linke Spalte enthält Zahlen y im Bereich von 1.0 bis 9.999 999 99. Die rechte Spalte enthält die entsprechenden roten Logarithmen p, definiert durch $y = 1.0001^p$. Der Logarithmus wird mit $\log_{\text{Bürgi}}(y)$ bezeichnet.

y	$\log_{\text{Bürgi}}(y)$
1.000 000 00	0
1.000 100 00	1
1.000 200 01	2
1.000 300 03	3
1.000 400 06	4
1.000 500 10	5
$\cdots$	
3.743 174 34	13 200
3.743 548 65	13 201
3.743 923 01	13 202

$$\cdots$$

9.995 998 80	23 023
9.996 998 40	23 024
9.997 998 10	23 025
9.998 997 90	23 026
9.999 997 79	23 027

$$\cdots$$

9.999 999 89	23 027.0021
9.999 999 99	23 027.0022

In den Beispielen für die Verwendung der Tafel reduzieren wir die Anzahl der Stellen aller Zahlen, um die mathematischen Ausdrücke zu vereinfachen. Dies schließt die Verwendung einer 5-stelligen *gerundeten Bürgi-Konstanten* 23 027 anstelle der exakten 9-stelligen Version 23 027.0022 mit ein.

Multiplikation

Wir wollen $x = 342.4$ und $y = 0.8157$ multiplizieren. Wir skalieren diese Zahlen zunächst so, dass jede in den Bereich 1.0–10.0 fällt. Also,

$$x \cdot y = 342.4 \cdot 0.8157 = 10^2 \cdot 3.424 \cdot 10^{-1} \cdot 8.157 = 10^1 \cdot 3.424 \cdot 8.157$$

Wir entnehmen die Logarithmen für 3.424 und 8.157 der skalierten Tafel. Die Werte sind 12 309 bzw. 20 990. Daraus folgt,

$$3.424 \cdot 8.157 = 1.0001^{12\,309+20\,990} = 1.0001^{33\,299}$$

Der Exponent 33 299 liegt über dem Höchstwert der Tafel. Aber wir können immer einen Exponenten erhalten, der diese Bedingung erfüllt, indem wir die Bürgi-Konstante subtrahieren, d.h., durch Bürgi-Skalierung mit $k = 1$. Wir erhalten

$$3.424 \cdot 8.157 = 10^1 \cdot 1.0001^{33\,299-23\,027} = 10^1 \cdot 1.0001^{10\,272}$$

Die skalierte Tafel liefert

$$1.0001^{10\,272} = 2.79309$$

Wir berücksichtigen die verschiedenen Skalierungen und erhalten das endgültige Resultat:

$$342.4 \cdot 0.8157 = 10^1 \cdot 3.424 \cdot 8.157 = 10^1 \cdot 10^1 \cdot 2.79309 = 279.309$$

Der gesamte Prozess lässt sich wie folgt zusammenfassen. Wir betonen, dass die Notation für Exponenten die kompakte Beschreibung ermöglicht.

$$
\begin{aligned}
342.4 \cdot 0.8157 &= 10^1 \cdot 3.424 \cdot 8.157 & \text{(skalieren)} \\
&= 10^1 \cdot (1.0001^{12\,309} \cdot 1.0001^{20\,990}) & \text{(skal. Tafel)} \\
&= 10^1 \cdot 1.0001^{33\,299} & \text{(Addition)} \\
&= 10^1 \cdot 10^1 \cdot 1.0001^{33\,299-23\,027} & \text{(B.-Skal. } k=1\text{)} \\
&= 10^2 \cdot 1.0001^{10\,272} & \text{(vereinfachen)} \\
&= 10^2 \cdot 2.79309 = 279.309 & \text{(skal. Tafel)}
\end{aligned}
$$

Division

Die Division wird wie die Multiplikation durchgeführt, mit dem Unterschied, dass der Logarithmus des Divisors von dem des Dividenden subtrahiert wird. Im letzten Schritt muss höchstens noch die Bürgi-Konstante addiert werden. Hier ist ein Beispiel.

$$
\begin{aligned}
14.19/632.8 &= 10^{-1} \cdot (1.419/6.328) & \text{(skalieren)} \\
&= 10^{-1} \cdot (1.0001^{3\,500}/1.0001^{18\,450}) & \text{(skal. Tafel)} \\
&= 10^{-1} \cdot 1.0001^{-14\,950} & \text{(Subtraktion)} \\
&= 10^{-1} \cdot 10^{-1} \cdot 1.0001^{-14\,950+23\,027} & \text{(B.-Skal. } k=-1\text{)} \\
&= 10^{-2} \cdot 1.0001^{8\,077} & \text{(vereinfachen)} \\
&= 10^{-2} \cdot 2.2426 = 0.022426 & \text{(skal. Tafel)}
\end{aligned}
$$

Potenzieren

Die Berechnung der k-ten Potenz einer Zahl, für beliebiges $k \geq 2$, ist genauso einfach wie die Multiplikation. Nehmen wir an, dass die anfängliche Skalierung den Faktor 10^m benutze, und dass die skalierte Zahl gemäß der Tafel gleich 1.0001^p sei. Wiederum mit Hilfe der Tafel erhalten wir dann den Wert für $1.0001^{p \cdot k}$.

Der letzte Schritt kann die Subtraktion eines Vielfachen der Bürgi-Konstante erfordern, um einen Exponenten zwischen 0 und der Bürgi-Konstanten zu erhalten. Die so gefundene Zahl mal $10^{k \cdot m}$ ist das gewünschte Ergebnis. Wir fassen die Schritte in einem Beispiel zusammen.

$$
\begin{aligned}
14.25^8 &= 10^8 \cdot 1.425^8 && \text{(skalieren)} \\
&= 10^8 \cdot (1.0001^{3542})^8 && \text{(skal. Tafel)} \\
&= 10^8 \cdot 1.0001^{8 \cdot 3542} && \text{(Multiplikation)} \\
&= 10^8 \cdot 1.0001^{28\,336} && \text{(vereinfachen)} \\
&= 10^8 \cdot 10^1 \cdot 1.0001^{28\,336-23\,027} && \text{(B.-Skal. } k = 1) \\
&= 10^8 \cdot 10^1 \cdot 1.0001^{5\,309} && \text{(vereinfachen)} \\
&= 1.7004 \cdot 10^9 && \text{(skal. Tafel)}
\end{aligned}
$$

Wurzelziehen

Das Wurzelziehen ist etwas komplizierter. Nehmen wir an, es soll die k-te Wurzel für $k \geq 2$ berechnet werden.

Die anfängliche Skalierung erfolgt durch Potenzen von 10^k, so dass eine Zahl zwischen 1 und 10^k resultiert. Angenommen, der Skalierungsfaktor ist $10^{k \cdot m}$.

Mittels der skalierten Tafel und eventuell auch der Bürgi-Skalierung drücken wir die skalierte Zahl als 1.0001^q aus. Die gewünschte Wurzel ist dann $10^m \cdot 1.0001^{q/k}$.

Schließlich liefert die Tafel den Wert für $1.0001^{q/k}$. Aufgrund der anfänglichen Skalierung erfordert diese abschließende Benutzung der skalierten Tafel keine Bürgi-Skalierung mehr. Ein Beispiel illustriert die Schritte.

$$
\begin{aligned}
\sqrt[6]{4.05006 \cdot 10^{14}} &= 10^2 \cdot \sqrt[6]{4.05006 \cdot 10^2} && \text{(skalieren)} \\
&= 10^2 \cdot \sqrt[6]{1.0001^{13\,988} \cdot 10^2} && \text{(skal. Tafel)} \\
&= 10^2 \cdot \sqrt[6]{1.0001^{13\,988+2 \cdot 23\,027}} && \text{(B.-Skal. } k = -2)
\end{aligned}
$$

$$= 10^2 \cdot \sqrt[6]{1.0001^{60\,042}} \qquad \text{(vereinfachen)}$$
$$= 10^2 \cdot 1.0001^{60\,042/6} \qquad \text{(Division durch 6)}$$
$$= 10^2 \cdot 1.0001^{10\,007} \qquad \text{(vereinfachen)}$$
$$= 10^2 \cdot 2.72005 = 272.005 \qquad \text{(skal. Tafel)}$$

In Kapitel 6 sahen wir, wie Bürgi die Interpolation untersuchte, als er sich für die Basis der Tafel und die Genauigkeit der Zahlen entschied. Wir betrachten jetzt praktische Aspekte.

Interpolation

Da die Interpolation von Tafelwerten Differenzen zwischen aufeinanderfolgenden Tafeleinträgen benutzt, enthalten gut konstruierte Tafeln diese Differenzen, um die Aufgabe zu vereinfachen. Zum Beispiel haben Keplers *Tabulae Rudolphinae* und Briggs' *Arithmetica Logarithmica* diese praktische Eigenschaft, wie hier gezeigt.

Die zu Anfang dieses Kapitels aufgeführte skalierte Tafel enthält diese Differenzen nicht. Wir sehen später, dass die von Bürgi veröffentlichte Tafel sie auch nicht aufführt, anscheinend ein erheblicher Mangel.

Doch das Gegenteil ist der Fall: Beide Tafeln liefern diese Differenzen implizit, so dass die Interpolation einfach durchgeführt werden kann. Wir zeigen das jetzt für die skalierte Tafel. Wir greifen zurück auf die frühere Diskussion über die Berechnung der Tafelwerte.

Tafel Heptacosias Logarithmorum Logisticorum von Keplers *Tabulae Rudolphinae*. Die erste und dritte Spalte enthalten Differenzen in kleinerer Schrift.[61]

Tafel von Briggs' *Arithmetica Logarithmica*. Differenzen werden in kleinerer Schrift angezeigt.[62]

Dort addierten wir zu

$$1.0001^{3500.0} = 1.419\,042\,72$$

die Zahl

$$1.419\,042\,72 / 10\,000 = 0.000\,141\,904\,272$$

und erhielten so den nächsten Eintrag

$$1.0001^{3501.0} = 1.419\,184\,62$$

Wir können also die Differenz zwischen zwei aufeinander folgenden Einträgen von der kleineren Zahl ableiten, indem wir den Dezimalpunkt um vier Stellen nach links verschieben. So kann die Differenz von der Tafel direkt abgelesen werden.

Hier ist ein Beispiel für eine Interpolation, bei der wir die Zahl für einen Logarithmuswert finden wollen, der nicht in der skalierten Tafel aufgeführt ist.

Angenommen, der Logarithmus ist 12 155.3. Die skalierte Tafel zeigt für 12 155 die Zahl 3.371 774 72, und für den nächsten Eintrag 12 156 die Zahl 3.372 111 90.

Für die gesuchte Zahl, die 12 155.3 entspricht, verschieben wir den Dezimalpunkt der ersten Zahl um vier Stellen nach links und erhalten so 0.000 337 18, wobei wir irrelevante Stellen weglassen und die letzte Stelle gerundet haben.

Dann addieren wir 0.3 · 0.000 337 18 = 0.000 101 15 zu 3.371 774 72 und erhalten den gewünschten interpolierten Wert 3.371 875 87.

Die Interpolation bei der umgekehrten Verwendung der skalierten Tafel erfolgt in derselben Weise.

––––––––––

Wir haben das Ende des ersten Schritts erreicht. Wir haben die skalierte Tafel von Bürgi im 2-Spalten-Format eingeführt sowie Methoden für Multiplikation, Division, Potenzieren und Wurzelziehen. Jede dieser Operationen nutzt ein anfängliche Skalierung, die Bürgi-Skalierung und die Bürgi-Konstante.

Wir machen jetzt den zweiten Schritt, wo wir uns die von Bürgi 1620 veröffentlichte Logarithmentafel anschauen sowie die Art und Weise, wie er die vier mathematischen Operationen durchführte. Wie vorher versprochen, verwendet die Beschreibung keine mathematischen Konzepte, die zu Bürgis Zeit noch nicht existierten. Wenn wir uns also auf die obigen Ergebnisse beziehen, tun wir dies nur zur Klarstellung und nicht zur Rechtfertigung.

8

Bürgis Logarithmentafel

Jede Seite von Bürgis Tafel[63] enthält für 400 Logarithmuswerte p die Zahlen 1.0001^p. Die Logarithmen sind in roter Farbe gedruckt. Bürgi nennt sie die *roten Zahlen*. Die berechneten Werte sind schwarz gedruckt. Er bezeichnet sie als die *schwarzen Zahlen*.

Alle Einträge der Tafel, mit Ausnahme einer Spalte mit roten Zahlen auf der letzten Seite, sind ganze Zahlen. Der Dezimalpunkt für diese Ausnahmen ist durch die kleine hochgestellte Null ^{o} angegeben, wie in Kapitel 5 erwähnt. Eine weitere Ausnahme befindet sich auf der Titelseite, wo $2302 7^o 0022$ die Zahl 230270.022 ist. Die Titelseite wird später in Kapitel 10 beschrieben.

Aufgrund dieser beiden Fälle wissen wir, dass Bürgi die Exponenten, seine roten Zahlen, im Allgemeinen als ganze Zahlen ansah. Sie reichen von 10 bis 230 270 in Schritten von 10. Wir sehen in Kapitel 9, warum er diese scheinbar merkwürdige Wahl getroffen hat.

Die berechneten Werte, seine schwarzen Zahlen, werden als 9-stellige ganze Zahlen angegeben, mit Ausnahme der letzten 10-stelligen schwarzen Zahl 1 000 000 000.

Hier ist die erste Seite von Bürgis Tafel.[64] Wir weisen auf die elegante Schreibweise hin, mit der wiederholte Werte in einer Spalte durch Punkte gekennzeichnet werden.

	0	500	1000	...	3500
0	100000000	100501227	101004966	...	103561790
10	10000	11277	15067	...	72146
20	20001	21328	25168	...	82503
30	30003	31380	35271	...	92861
40	40006	41433	45374	...	103603221
50	50010	51487	55479	...	13581
⋮	⋮	⋮	⋮	⋱	⋮
450	100450991	100954479	101460489	...	104028844
460	61037	64574	70636	...	39247
470	71083	74671	80783	...	49651
480	81130	84768	90931	...	60056
490	91178	94867	101501080	...	70462
500	100501227	101004966	11230	...	80816

Die erste Seite von Bürgis Logarithmentafel.[65]

Die Einträge werden wie folgt interpretiert: Die Summe der roten Zahlen, die eine Zeile und eine Spalte kennzeichnen, ergibt die schwarze Zahl der betreffenden Zeile und Spalte.

Zum Beispiel ist der Eintrag in Spalte 1000 und Zeile 450 die Zahl 101460489. Das bedeutet, dass die rote Zahl $1\,000 + 450 = 1\,450$ die schwarze Zahl 101 460 489 ergibt.

Wenn die roten Zahlen durch 10 geteilt werden, erhalten wir die roten Zahlen der skalierten Tafel.[66] Mit Ausnahme einiger weniger Zahlen auf der letzten Seite der Tafel haben die roten Zahlen in der ganz rechten Position immer eine 0. Die Skalierung durch 10 bedeutet deshalb ganz einfach, dass diese 0 gestrichen wird.

Wir erhalten die schwarzen Zahlen der skalierten Tafel von der obigen Tafel, indem wir einen Dezimalpunkt nach der äußersten linken Stelle einfügen. Eine Ausnahme ist die Zahl 1 000 000 000, die in 10.0 verwandelt wird.

Wenn wir diese Regel auf das obige Beispiel anwenden, dann verwandeln wir die rote Zahl 1450 und die schwarze Zahl 101460489 von Bürgis Tafel in die Einträge 145 und 1.014 604 89 der skalierten Tafel.

Im Vergleich dazu liefert ein genauer Taschenrechner das Ergebnis $1.0001^{145} = 1.014\,604\,8994\ldots$, was mit der schwarzen Zahl von Bürgis Tafel übereinstimmt, wenn wir den Rundungseffekt der letzten zwei Stellen ignorieren.

Es ist jetzt auch klar, warum wir die in Kapitel 7 beschriebene Tafel mit zwei Spalten Bürgis *skalierte Tafel* genannt haben. Deren Einträge können von der ursprünglichen Tafel abgeleitet werden, indem die roten Zahlen durch 10 dividiert werden und ein Dezimalpunkt in die schwarzen Zahlen gesetzt wird.

Genauigkeit der Tafeleinträge

In Kapitel 6 sahen wir, dass die implizite Genauigkeit der skalierten Tafel mit der Basis 1.0001 neun Stellen beträgt. Die obige Tafel zeigt die schwarzen Zahlen mit genauso vielen Stellen. Da Bürgi die implizite Genauigkeit mit den ihm zur Verfügung stehenden mathematischen Hilfsmitteln und der damaligen Notation leicht berechnen konnte – siehe Kapitel 6 –, ist es wahrscheinlich, dass er die Genauigkeit von 9 Stellen aufgrund dieser Überlegung gewählt hat.

Die Argumente in Kapitel 6 setzen voraus, dass die Einträge in der Tafel korrekt sind. Aber ist das der Fall, abgesehen vielleicht von ein paar unbedeutenden Fehlern?

Die Antwort lautet „Ja": Eine gründliche Untersuchung der Genauigkeit der Einträge in Bürgis Tafel ergab, dass sie nur sehr wenige Rechen- oder Setzfehler enthält. Darüber hinaus sind fast alle diese Fehler unwesentliche Abweichungen.[67]

Schließlich kommen wir zu der wichtigsten Frage.

Wie hat Bürgi die Tafel entwickelt?

In Kapitel 6 haben wir uns Bürgis Überlegungen vorgestellt, die zu der Basis 1.0001 und Bürgis Konstante 23 027.0022 führten. In der Diskussion wurde die Notation von Descartes verwendet. Aber dieses Konzept existierte zu der Zeit noch nicht. Wie hätte er also auf diese Weise vorgehen können?

Die Antwort lautet: Wenn man diese Argumente noch einmal verfolgt, sieht man, dass die Notation nur dazu dient, die Darstellung von Zahlen zu vereinfachen, nicht aber, um Schritte auszuführen, die Bürgi nicht gekannt hätte. In der Tat wird die Notation nur verwendet, um auszudrücken, dass eine bestimmte Zahl eine bestimmte Anzahl von Malen mit sich selbst multipliziert wird. Es wäre also einfach, das gesamte Kapitel umzuformulieren.

Zum Beispiel, statt der Gleichung $1.0001^{23\,028} = 10.000\,997\,80$ könnte man sagen: „1.0001 multipliziert mit sich selbst 23 028 mal ergibt 10.000 997 80". Das klingt etwas umständlich. Aber man könnte den Satz auf „1.0001 verwendet 23 028 mal ergibt 10.000 997 80" oder eine ähnliche Abkürzung reduzieren.

Dies unterscheidet sich wesentlich von fortgeschrittener Verwendung der Notation, zum Beispiel für die Definition der Zahl $e = 2.71828\ldots$ und der Funktion des natürlichen Logarithmus, die e als Basis hat. Diese Konzepte waren zu Bürgis Zeit noch nicht definiert, also konnte Bürgi unmöglich Gedanken verfolgt haben, die darauf aufbauten.[68]

Unser Ansatz folgt daher der Leitlinie des Einführungskapitels: Wir haben eine moderne Notation verwendet, um die Tafel zu *verstehen*. Aber wir haben uns nur auf damals vorhandene Konzepte gestützt, um die Tafel zu *interpretieren* und Bürgis Überlegungen nachzuvollziehen.

———————

Mit jeder Kopie der Tafel lieferte Bürgi eine Anleitung für ihren Gebrauch. Im nächsten Kapitel untersuchen wir dieses Material.

Dabei verwenden wir zuerst eine moderne Notation, um die Anleitung zu verstehen. Aber wenn wir dann Bürgis Schritte gemäß der Anleitung nachvollziehen, folgen wir dem Grundprinzip unserer Untersuchung und stützen uns nur auf Konzepte, die ihm zur Verfügung standen.

9
Anleitung für Bürgis Tafel

Im Jahr 1620 veröffentlichte Bürgi die Tafel. Mit jeder Kopie lieferte er eine handschriftliche Anleitung.[69] Mehr als zweihundert Jahre später, im Jahr 1856, wurde die Anleitung als Teil eines Artikels über Bürgi zum ersten Mal gedruckt.[70]

In der Einführung der Anleitung beschreibt Bürgi die grundlegende Beziehung, die die roten Zahlen mit den schwarzen Zahlen verbindet: Die roten Zahlen werden durch fortlaufende Addition gebildet und sind daher eine arithmetische Reihe, während die schwarzen Zahlen durch wiederholte Multiplikation entstehen und somit eine geometrische Reihe sind.

Bürgi erwähnt nicht Stifel als Quelle der Idee. Er stellt aber fest, dass diese Beziehung bekannt war und vorher von Simon Jacob (ca. 1510–1564), Mauritius Zons (16th–17th Jh.) und mehreren anderen beschrieben worden war.[71]

„Wir haben in der Voredt angeregt, wie auch von etlichen Arithmeticis Simon Jacob[,] Moritius Zons und andere ist berürt worden, das was in der Geometrischen Progress oder in der Schwarzen Zahl Multipliciert dasselbige ist in der Aritmetischen Progress oder in der rothen Zahl addieren."

Man kann davon ausgehen, dass die zitierten Ergebnisse von Jacob und Zons auf Stifels Buch *Arithmetica Integra* beruhen.

Bei der Erörterung der Anwendungsbeispiele für die Tafel definiert Bürgi die Verwendung einer kleinen hochgestellten Null „o", um in einer Dezimalzahl den Übergang von der ganzen Zahl zum Bruch anzuzeigen.[72]

„ . . . und werden alle Zeit bis unter die ^{o} ganze verstanden und die folgen der Bruch."

Insgesamt ist die Anleitung etwas seltsam. Manchmal ist sie recht ausführlich, überlässt es aber dann ganz unerwartet dem Leser, Aspekte selbst auszuarbeiten.

Zum Beispiel erklärt Bürgi im Detail die Multiplikation von 551 192 902 mit 709 153 668. Bürgi führt die entsprechenden roten Zahlen 170 700° und 195 900° ein – die Verwendung von ^{o} ist hier überflüssig. Er addiert diese roten Zahlen, erhält 366 600 und subtrahiert dann die Bürgi-Konstante. Das Resultat ist die rote Zahl 136 329° 978. Durch Interpolation erhält er von der Tafel die entsprechende schwarze Zahl 3 908 804 680, die, wie er sagt,[73] „seindt die 9 ersten Ziffern des begehrten products".

Offensichtlich betrachtet er die endgültige schwarze Zahl immer als eine Folge von Ziffern, und der Benutzer muss die Position des Dezimalpunktes separat entscheiden.

Im Gegensatz dazu legt die Multiplikation, die wir vorher für die skalierte Tafel entwickelten, den Dezimalpunkt selber fest. Wir verwenden sie jetzt für Bürgis Beispielproblem. In diesem Fall benutzen wir die genaue Bürgi-Konstante in der Bürgi-Skalierung, damit wir das gleiche Ergebnis erhalten.

Für den Vergleich betonen wir noch einmal, dass die roten Zahlen in Bürgis Tafel durch 10 geteilt in der skalierten Tafel aufgeführt sind.

$$551\,192\,902 \cdot 709\,153\,668$$
$$= 10^{16} \cdot 5.511\,929\,02 \cdot 7.091\,536\,68 \qquad \text{(skalieren)}$$
$$= 10^{16} \cdot (1.0001^{17\,070} \cdot 1.0001^{19\,590}) \qquad \text{(skal. Tafel)}$$
$$= 10^{16} \cdot 1.0001^{36\,660} \qquad \text{(Addition)}$$

$$= 10^{16} \cdot 10^1 \cdot 1.0001^{36\,660 - 23\,027.0022} \qquad \text{(B.-Skal. } k = 1)$$
$$= 10^{17} \cdot 1.0001^{13\,632.997\,8} \qquad \text{(vereinfachen)}$$
$$= 3.908\,804\,680 \cdot 10^{17} \qquad \text{(skal. Tafel)}$$

Warum hat Bürgi nicht dieses kompakte Format verwendet und damit den Dezimalpunkt automatisch erzeugt? Eine plausible Erklärung ist, dass unsere Beschreibung des Berechnungsprozesses Descartes' Notation für Exponenten von Konstanten erfordert. Sie stand Bürgi nicht zur Verfügung. Wir gehen später im Detail auf dieses Argument ein.

Wir sehen uns ein weiteres Beispiel an, das diese Erklärung bestätigt. Es betrifft die Berechnung von Quadratwurzeln.[74] Wir drücken Bürgis Text in moderner Sprache aus, damit wir nicht durch die ungewöhnliche Formulierung abgelenkt werden, und ersetzen zweimal eine inkorrekte „5" in Verbindung mit Punkten und Ziffern durch „4". Die Rolle der Punkte wird gleich nach dem Zitat erklärt.

„Wir sollen die Quadratwurzel aus 22 033 094 ziehen. Zuerst müssen wir Punkte über die Zahl setzen, wie es beim Wurzelziehen üblich ist, und erhalten so 22 033 094. Da wir 4 Punkte haben, wird die Wurzel auch 4 Stellen haben, gefolgt von dem Dezimalbruch. Die rote Zahl ist 79 000.

Da der Punkt ganz links über der schwarzen Zahl nicht auf der ersten, sondern der zweiten Stelle steht, muss die [Bürgi] Konstante addiert werden und dann die Summe durch 2 geteilt werden."

Er führt diese Schritte aus, liefert aber nicht die endgültige Zahl. Durch Interpolation ergibt sich $4.693\,942\,27 \cdot 10^3$.

Wir vergleichen Bürgis Berechnung mit der folgenden kompakten Beschreibung. Die anfängliche Skalierung benutzt entsprechend der Regel in Kapitel 7 den Faktor $10^6 = 10^{k \cdot m}$ mit $k = 2$, da wir die Quadratwurzel ziehen, und $m = $ (Anzahl von Intervallen zwischen den Punkten) = (Anzahl von Punkten) $- 1 = 4 - 1 = 3$.

$$\sqrt[2]{2.203\,309\,4 \cdot 10^7} = 10^3 \cdot \sqrt[2]{2.203\,309\,4 \cdot 10^1} \qquad \text{(skalieren)}$$

$$= 10^3 \cdot \sqrt[2]{1.0001^{7\,900} \cdot 10^1} \qquad \text{(skal. Tafel)}$$
$$= 10^3 \cdot \sqrt[2]{1.0001^{7\,900 + 23\,027.0022}} \qquad \text{(B.-Skal. } k = -1)$$
$$= 10^3 \cdot \sqrt[2]{1.0001^{30\,927.0022}} \qquad \text{(vereinfachen)}$$
$$= 10^3 \cdot 1.0001^{30\,927.0022/2} \qquad \text{(Division durch 2)}$$
$$= 10^3 \cdot 1.0001^{15\,463.5011} \qquad \text{(vereinfachen)}$$
$$= 4.693\,942\,27 \cdot 10^3 \qquad \text{(skal. Tafel)}$$

Die Notation der Exponenten ist wieder einmal wesentlich für die kurze und klare Beschreibung.

Bürgis Erklärungen mangelt es nicht nur an Kompaktheit, was nach unserer Meinung auf fehlende Notation zurückzuführen ist. Auch seine Art und Weise, die gegebenen Eingabezahlen in schwarze Zahlen zu verwandeln, mutet seltsam an.

Wahl der schwarzen Zahlen

Das obige Beispiel für das Wurzelziehen veranschaulicht den ungewöhnlichen Prozess, mit dem die schwarzen Zahlen bestimmt werden. Die Eingabe ist die 8-stellige Zahl 22 033 094. Aber Bürgis Tafel hat nur 9-stellige schwarze Zahlen. Bürgi bestimmt dann mittels der 9-stelligen schwarzen Zahl 220 330 940 die rote Zahl 79 000.

Nehmen wir an, die Eingabe wäre genau die 9-stellige schwarze Zahl gewesen, also 220 330 940. Gemäß dem früheren Multiplikationsbeispiel hätte er die gleiche rote Zahl 79 000 gewählt!

Dies ist nicht der einzige Fall, in dem Bürgi zwei Eingabezahlen die gleiche rote Zahl zuordnet. Ein extremer Fall tritt ein, wenn Bürgi erklärt, dass 360 000 000 die rote Zahl 128 099⁰789 produziert, während 36 zur roten Zahl 128 099⁰$\frac{78}{100}$ führt.[75]

„Dieß ist der Schwarzen Zahl von 360 000 000 ihr rote 128 099⁰789

Es soll gleichwol verdstand werden 36 haben ihr rothe 128 099⁰$\frac{78}{100}$ "

Gemäß Bürgis Interpretation von ⁰, entspricht die erste der beiden roten Zahlen 128 099.789 und die zweite 128 099.78. Der

Unterschied ist sicherlich auf einen Fehler im Originalmanuskript oder einen Kopierfehler zurückzuführen.

Eine einleuchtende Erklärung ist, dass Bürgi den Wert 128 099.789 angeben wollte, da dies die genauere rote Zahl ist. Er ordnet also sowohl 36 als auch 360 000 000 die gleiche rote Zahl 128 099789 zu.

Es gibt eine einfache Erklärung für diesen unerwarteten Prozess. Wir lassen Bürgi sie in einem fiktiven Interview geben, in dem er über Behauptungen und Gegenbehauptungen, die seit dem 19. Jahrhundert über sein Werk aufgestellt worden sind, nach seiner Meinung gefragt wird.

In seiner Antwort, die wir gleich sehen werden, verweist er auf die Notation von Descartes sowie auf folgende Funktionsdefinition von Leonhard Euler (1707–1783), die im Jahr 1755 veröffentlicht wurde, also 123 Jahre nach Bürgis Tod im Jahr 1632.

Eulers Definition kommt der modernen Definition nahe, gemäß der eine Funktion eine Maschine mit variablen Werten als Input und Funktionswerten als Output ist.[78]

Leonhard Euler, von Jakob Emanuel Handmann, 1756.[76]

„Wenn bestimmte Größen in einer Weise von anderen abhängen, dass sie sich ändern, wenn sich letztere ändern, dann nennt man die ersten Funktionen der zweiten.

Diese Bezeichnung ist sehr generell; sie umfasst alle Arten, in denen eine Größe in Abhängigkeit von anderen bestimmt werden kann."

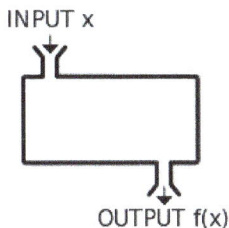

Funktion als eine Maschine mit Input x und Output $f(x)$.[77]

Hier ist Bürgis imaginäre Erklärung, bei der wir annehmen, dass er nicht nur Descartes' Notation und den modernen Funktionsbegriff kennt, sondern auch die verschiedenen Interpretationen seiner Arbeit seit dem 19. Jahrhundert[79] gesehen hat.

Eine imaginäre Erklärung

„Die ausführlichen Diskussionen über die Auslegung meiner Tafeln und Anweisungen gehen am Kern der Sache vorbei. Ich hatte weder Descartes' Notation noch Eulers Konzept der Funktion. Alles, was ich hatte, war die Dezimalschreibweise, für die ich einer der Pioniere bin. Deshalb nehmen alle mathematischen Argumente, die diese Hilfsmittel benutzen, an, dass ich Werkzeuge hatte, die gar nicht existierten.

Hier ist die wesentliche Idee. Die roten Zahlen können durch beliebiges Verschieben des Dezimalpunkts nach rechts oder links verändert werden, solange die Verschiebung für jede dieser Zahlen gleich ist. Schließlich sind Addition, Subtraktion und Multiplikation mit einer Konstante die einzigen Schritte, die wir mit den roten Zahlen durchführen.

Deshalb hat jede konsistente Verschiebung des Dezimalpunkts der roten Zahlen keinen Einfluss darauf, wie die roten Zahlen mit den schwarzen Zahlen verbunden sind.[80]

Für die Auswahl der schwarzen Zahl, die einer gegebenen Zahl entspricht, spielt es keine Rolle, wo der Dezimalpunkt in der Zahl steht. Man nimmt nur die 9 höchstwertigen Stellen der Zahl. Wenn sie weniger als 9 Stellen hat, erweitert man sie mit Nullen auf 9 Stellen. Wenn die Berechnungen abgeschlossen sind, ermittelt man die Position der Dezimalstelle für die endgültige schwarze Zahl.

Es gibt eine wichtige Ausnahme beim Ziehen der k-ten Wurzel. Hier spielt die Position des Dezimalpunkts in der gegebenen Zahl eine Rolle. Ich trage dem Rechnung, indem ich über den Ziffern der gegebenen Zahl Punkte in angemessenen Abständen setze. Die Punkte beginnen direkt links vom Dezimalpunkt und sind in gleichmäßigen Abständen von jeweils k Ziffern angeordnet.

Angenommen, es stehen l Ziffern links vom linkesten Punkt. Dann wird die rote Zahl angepasst, indem l mal 230270022 dazu addiert wird. [Bei der Verwendung der skalierten Tafel für die Wurzelextraktion entspricht diese Regel dem anfänglichen Skalieren und dem Bürgi-Skalierungsschritt.]

Worauf es dann wirklich ankommt, ist Folgendes: Jede schwarze Zahl der Tafel multipliziert mit 1.0001 ergibt die nachfolgende schwarze Zahl und erhöht die rote Zahl um einen festen Betrag. In meiner Tafel ist die Erhöhung um 10. Aber die Erhöhung könnte um jede beliebige Konstante erfolgen, zum Beispiel um 1 [wie in der skalierten Tafel]. Diese Eigenschaften sind die Grundlage für die rechnerische Leistungsfähigkeit der Tafel.

Angesichts dieser Tatsachen ist es zwecklos, eine einfache Logarithmusfunktion zu erstellen, die die gegebenen Zahlen erst mit den schwarzen Zahlen und dann mit den roten Zahlen verbindet und direkt für eine effiziente Berechnung verwendet werden kann.[81] Wie würde die außergewöhnliche Handhabung des Wurzelziehens eingeordnet werden? Das ist einfach nicht möglich.

Dies deutet nicht auf einen Fehler in meiner Arbeit, sondern ist nur ein Symptom dafür, dass das Denken über Berechnungsmethoden zu meiner Zeit anders war und sich nicht auf den Funktionsbegriff stützte."

Mit diesen Erklärungen hat Bürgi die wichtigsten Ideen seiner genialen Erfindung erfasst. Und wenn man dann seine Anleitung liest, ist alles klar und einfach.

Ein wichtiger Aspekt

Bürgis Wahl der schwarzen Zahlen von 9 signifikanten Stellen der gegebenen Zahlen – so einfach sie auch ist – hat einen interessanten Nebeneffekt.

Jede gegebene Zahl führt offensichtlich zu einer roten Zahl, die von 0 bis zu Bürgis Konstante $23\,027.0022$ reicht. Wenn also zwei

Zahlen multipliziert werden sollen, kann die Summe ihrer roten Zahlen das Doppelte dieser Konstanten nicht überschreiten. Das bedeutet, dass man von der Summe die Bürgi-Konstante höchstens einmal abziehen muss, um eine in der Tafel vorkommende rote Zahl zu erhalten.

Eine ähnliche Schlussfolgerung gilt für die Division, bei der man die Bürgi-Konstante höchstens einmal zur Differenz von zwei roten Zahlen addieren muss.

Warum ist das wichtig?

Hätte Bürgi auf der Interpretation der schwarzen Zahlen mit einem expliziten Dezimalpunkt bestanden, dann hätte er ein Vielfaches der Konstante addieren oder subtrahieren müssen, um die richtige rote Zahl für eine gegebene Zahl zu erhalten.

Die gleiche Schwierigkeit wäre nach der Addition oder Subtraktion von roten Zahlen aufgetreten: Die resultierende rote Zahl hätte generell die Addition oder Subtraktion eines Vielfachen der Bürgi-Konstante erfordert, um eine rote Zahl der Tafel zu erhalten.

Daraus schließen wir, dass Bürgis Wahl der signifikanten Stellen für die Auswahl der schwarzen Zahlen keine naive Entscheidung war, sondern vielmehr eine geniale Idee, mit der er komplizierte Addition und Subtraktion eines Vielfachen der Bürgi-Konstante vermied.

Die Vorteile dieser Wahl erstrecken sich auch auf Potenzieren und Wurzelziehen. Auch hier vermeidet Bürgis Wahl der signifikanten Stellen der Eingangszahlen für die schwarzen Zahlen die unnötige Manipulation von Vielfachen der Konstante. Das vorherige Beispiel des Wurzelziehens demonstriert dies.

Zum Schluss: Wieso vermeidet das Rechnen mit der skalierten Tafel – mit dem expliziten Dezimalpunkt für die schwarzen Zahlen und der genauen Übereinstimmung mit den Eingabezahlen – die Manipulation von komplizierten Vielfachen der Bürgi-Konstante?

Die Antwort: Die anfängliche Skalierung – mittels Descartes' Notation – transformiert jede Zahl auf eine Zahl, die in der skalierten

Tafel vorkommt. Bürgi konnte diese anfängliche Skalierung nicht durchführen, da ihm diese Notation fehlte.

Noch eine Frage

Bevor Bürgi zu seiner Zeit und seinem Platz in der Geschichte zurückkehrt, sind wir versucht ihn zu fragen: „Warum haben Sie 10 als den Abstand zwischen den roten Zahlen der Tafel gewählt und nicht 1?"

Wir sind uns nicht sicher, wie Bürgi geantwortet hätte. Hier ist eine mögliche Erklärung.

„Ursprünglich dachte ich, dass alle Berechnungen mit roten Zahlen – einschließlich der Interpolation – auf ganze rote Zahlen beschränkt werden konnten, wenn der Abstand zwischen den roten Zahlen der Tafel gleich 10 war.

Das war für den anfänglichen Teil der Tafel plausibel, da die Differenz zwischen zwei aufeinanderfolgenden schwarzen Zahlen klein war. Ich merkte aber bald, dass mit dieser Regel akzeptable Genauigkeit der Interpolation nicht erreicht werden konnte.

Zu dem Zeitpunkt konnte ich nicht mehr zurückgehen und die ganz rechts stehende 0 der roten Zahlen löschen, da ich rote Tinte verwendet hatte.

Andererseits ist es für die Berechnungen unwesentlich, ob der Abstand gleich 10 oder 1 ist, oder irgendeine andere Zahl. Deshalb richtete es keinen Schaden an, den Abstand bei 10 zu belassen."

––––––––––––––

Es ist instruktiv, jeden Schritt von Bürgis Anleitung[82] für Multiplikation, Division, Potenzieren und Wurzelziehen mit den entsprechenden Schritten zu vergleichen, wenn die skalierte Tafel benutzt wird.

Wenn man das macht, stellt man nicht nur fest, wie Descartes' Notation den Rechenprozess vereinfacht, sondern sieht auch, wie

Bürgi mit seiner genialen Interpretation der schwarzen Zahlen als signifikante Stellen ohne diese Notation auskam.

Als Nächstes sehen wir uns die Titelseite von Bürgis Logarithmentafel an.

10

Bürgis Titelseite

Die Titelseite bietet eine eindrucksvolle Zusammenfassung der Tafel: Jeder 500ste rote Logarithmus des äußeren Rings der Tafel ist mit seiner schwarzen Zahl im inneren Ring aufgeführt.

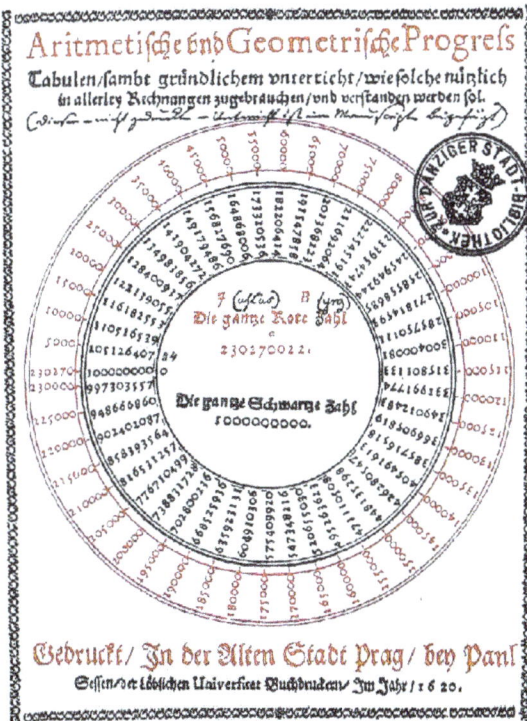

Titelseite von Bürgis Tafel.[83]

In den ersten drei Zeilen des Titelblatts heißt es

„Aritmetische und Geometrische Progreß Tabulen / samt gründlichem unterricht / wie solche nützlich in allerlei Rechnungen zu gebrauchen / und verstanden werden sol"

Unter dem Titel steht ein handschriftlicher Kommentar in Klammern.

„(Dieser – nicht gedruckte – Unterricht ist im Manuscript beigefügt)"

Derselbe Autor erweiterte die roten Initialen „J" und „B" innerhalb der beiden Ringe zu „J*(ustus)* B*(yrg)"*.

Beachten Sie die kleine Null „o" unter *„Die ganze Rote Zahl."* Sie steht ein bisschen hoch über 230270022, gehört aber zu dieser Zahl, die also 230270°022 ist, oder in moderner Notation 230270.022.

Dies ist einer der beiden Fälle der Tafel, bei denen eine hochgestellte kleine Null verwendet wird; das zweite Beispiel befindet sich auf der letzten Seite der Tafel. Wie wir in Kapitel 9 gesehen haben, enthält die Anleitung eine Reihe von solchen Fällen für rote und schwarze Zahlen.

Bürgi hat die Logarithmentafel wahrscheinlich um 1600 und mit Sicherheit vor 1609 erstellt.[84] Von da an hat er aber die Idee des Logarithmus nicht weiter verfolgt und verzögerte sogar die Veröffentlichung der Tafel bis 1620.

Wir sehen uns jetzt die Folgen dieser bedauerlichen Entscheidungen an.

Zwei bedauerliche Entscheidungen

Es gibt eine Reihe von möglichen Erklärungen, warum Bürgi die Veröffentlichung der Logarithmentafel um so viele Jahre verzögerte.[85] Wir werden diesen Aspekt hier nicht verfolgen. Aber egal aus welchem Grund, es war eine äußerst unglückliche Wahl.

Im Jahr 1614 – also mindestens fünf Jahre *nachdem* Bürgi die Tafel berechnet hatte, aber sechs Jahre *vor* deren Druck – veröffentlichte

John Napier (1550–1617) eine Logarithmentafel, die das Rechnen ebenso reduzierte wie Bürgis Tafel.

Napiers Tafel war für Mathematiker und Naturwissenschaftler, die umfangreiche arithmetische Operationen durchführen wollten, ein Geschenk des Himmels. Dies hatte zur Folge, dass Napier als Erfinder des Logarithmus bekannt wurde.

Bürgi verzögerte nicht nur die Veröffentlichung seiner Tafel, sondern traf eine weitere unglückliche Entscheidung: Er arbeitete keine zusätzlichen Ergebnisse aus, die die Berechnungen vereinfacht oder verbessert hätten. Ehe wir diesen Aspekt im Detail untersuchen, versetzen wir uns in seine Zeit.

In den Jahren vor und nach 1600 entwickelte Bürgi präzise Messinstrumente, darunter eine Uhr von außerordentlicher Genauigkeit, trug zu Messungen der Positionen von Sternen und Planeten bei und berechnete mit einer neuartigen und äußerst effizienten Methode eine sehr genaue Tafel der Sinuswerte der Trigonometrie. Nicht zuletzt erstellte er die Logarithmentafel.

Der berühmte Astronom, Mathematiker und Astrologe Johannes Kepler (1571–1630) benutzte all diese Resultate in seiner weitreichenden gemeinsamen Arbeit mit Bürgi.

Johannes Kepler.[86]

Was hat Kepler denn von Bürgis Entscheidung gehalten, die Veröffentlichung der Logarithmentafel um Jahre zu verzögern und diese Idee nicht weiter zu verfolgen?

Ein Kommentar in einer der Veröffentlichungen von Kepler gibt die Antwort.

Keplers Kommentar

Im Jahr 1627 veröffentlichte Kepler ein außergewöhnliches Buch, mit dem man die Positionen von Sternen und Planeten, gesehen von einem beliebigen Standpunkt auf der Welt, berechnen konnte: Die *Tabulae Rudolphinae*,[87] oder *Rudolphinische Tafeln*.

Das Buch liefert nicht die Positionen der Sterne und Planeten, sondern enthält Formeln und Logarithmentafeln, mit denen man die Positionen berechnen kann, wenn man die Planeten und Sterne von einem beliebigen Standort mit bekanntem Breiten- und Längengrad sieht. Zu diesem Zweck enthält das Buch die Koordinaten zahlreicher Städte.

Titelseite *Tabulae Rudolphinae*.[88]

Kepler drückt auf Seite 11 des Buches seine Frustration aus, dass Bürgi die Veröffentlichung der Logarithmentafel für viele Jahre verzögert hatte und keinerlei Anstrengungen unternommen hatte, diese Idee weiterzuentwickeln.

Logarithm° unius tertij) hoc inquam si expetis: ecce tibi apices logiſtices antiquæ, qui præſtant hoc longe commodius: qui etiam apices logiſtici juſto Byrgio multis annis ante editionem Neperianam, viam præiverunt, ad hos ipſiſſimos Logarithmos. Etſi homo cunctator & ſecretorum ſuorum cuſtos, fœtum in partu deſtituit, non ad uſus publicos educavit.

Ex adverſo verò, cùm Heptacoſias iſta numeros Logiſticos exhibeat rationales; concin-

JUSTUS BYRGIUS *logarithmos qua occaſione invenerit*

Seite 11 *Tabulae Rudolphinae*.[89]

„Solche logistische Zahlen [d.h., die im vorangegangenen Satz erwähnten Exponenten] führten Justus Byrgius zu denselben

Logarithmen viele Jahre vor dem Erscheinen von Napiers System. Aber er, ein zögernder Mann und Hüter seiner Geheimnisse, setzte das Kind bei der Geburt aus und zog es nicht auf."[90]

Keplers Kommentar ist übrigens ein unumstößlicher Beweis, dass Bürgi seine Logarithmentafel viele Jahre vor der Veröffentlichung von Napiers Tafel erfand. Wir kommen in Kapitel 20 auf diesen Punkt zurück.

———————

Im nächsten Kapitel befassen wir uns mit Ideen, die Bürgi bei der Arbeit an der Logarithmentafel sicherlich hatte, aber aus irgendeinem Grund nicht weiterverfolgte. Das Titelblatt liefert einen wichtigen Hinweis.

11

Geometrisches Rechnen

Der äußere Ring auf der Titelseite führt die roten Zahlen in Schritten von 500 auf – also 500, 1 000, 1 500 und so weiter –, wobei wir die ganz rechts stehende 0 jeder roten Zahl wie bisher ignorieren.

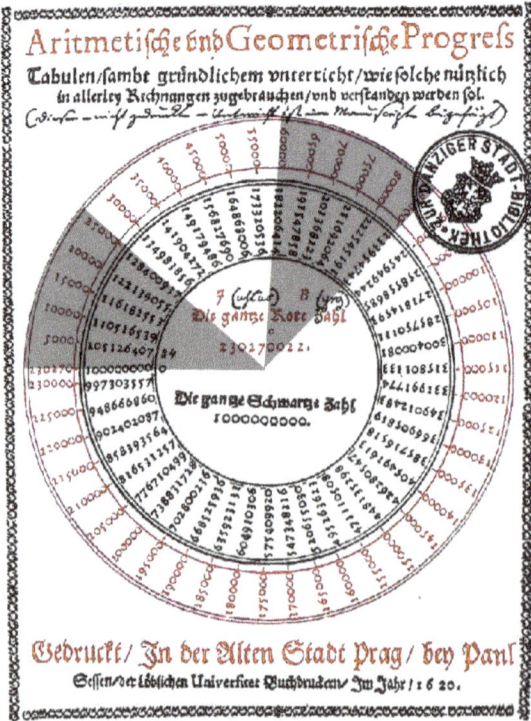

Titelseite mit Sektoren.[91]

Diese geometrische Darstellung führt sofort zu der Idee, die Multiplikation der schwarzen Zahlen mittels Sektoren auszuführen.[92] Hier ist die Kernidee.

Das Bild auf der vorherigen Seite zeigt zwei schattierte Sektoren gleicher Größe. Der linke Sektor umfasst die roten Zahlen von 0 bis 2 500 und der rechte Sektor die roten Zahlen von 6 000 bis 8 500. Für beide Sektoren gilt Folgendes: Die niedrigste schwarze Zahl innerhalb des Sektors multipliziert mit $1.0001^{2\,500}$ ergibt die größte schwarze Zahl. Der rechte Sektor stellt also implizit die Multiplikation von $x = 1.0001^{6\,000}$ und $y = 1.0001^{2\,500}$ dar. Die größte schwarze Zahl im rechten Sektor gibt uns das Resultat.

Sollte man nicht annehmen, dass Bürgi diese Einsicht hatte? Konstruierte er nicht Präzisionsinstrumente zur Messung der Position von Sternen und Planeten, erfand den Proportionalzirkel und baute Uhren von unglaublicher Genauigkeit? Und all das, ehe er die Logarithmentafel aufstellte! Gehen wir also jetzt davon aus, dass Bürgi diese Einsicht hatte. Dann hatte er sicherlich auch erkannt, dass die Multiplikation grafisch mit Sektoren ausgeführt werden kann, ohne die roten Zahlen zu benutzen.[93]

Zur Veranschaulichung führen wir die Multiplikation $1.284 \cdot 1.822$ aus. Wir benutzen nur die schwarzen Zahlen.

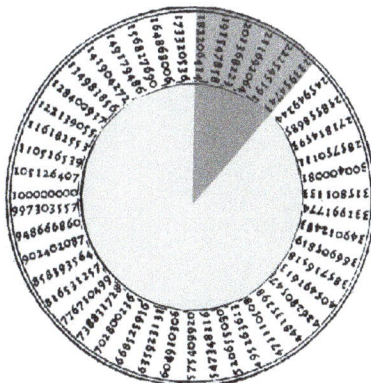

Ring der schwarzen Zahlen mit Sektor.[94]

Wir definieren einen Sektor, der den Bereich 1.0–1.284 abdeckt, und drehen ihn im Uhrzeigersinn, bis die Innenseite des linken Randes

1.822 berührt. Dann ist die Zahl auf der Innenseite des rechten Randes das gewünschte Ergebnis 2.339 = 1.284 · 1.822.

Es ist nur ein kleiner Schritt vom schwarzen Zahlenring mit Sektoren zur Rechenscheibe. Allerdings hat Bürgi diesen Schritt nicht getan.

Erfindung der Rechenscheibe

Der Mathematiker William Oughtred (1574–1660) unternahm diesen Schritt im Jahr 1632 – sicher ohne Kenntnis von Bürgis Tafel und der Titelseite –, als er die Rechenscheibe erfand.[95]

In Oughtreds Implementierung definieren zwei Zeiger den Sektor. Die Zeiger können einzeln oder gemeinsam gedreht werden. Somit können sie einen Sektor jeder Größe darstellen, den man dann in jede gewünschte Position rotieren kann.

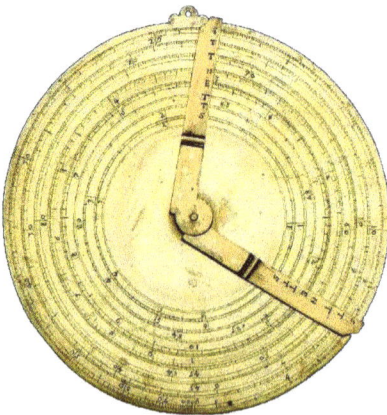

Oughtred Rechenscheibe.[97]

William Oughtred, von Wenceslaus Hollar.[96]

Anstatt eines verstellbaren Sektors könnte man auch einen kleinen Ring der schwarzen Zahlen in einen großen Ring mit denselben Zahlen setzen. Drehen des kleinen Ringes ermöglicht dann Multiplikation und Division.

Das linke Bild zeigt die beiden Ringe und das rechte eine moderne Implementierung. Obwohl Bürgi nie derartiges gebaut hat, schlagen wir vor, diese Implementierung *Bürgis Rechenscheibe* zu nennen, da sie aus zwei Kopien des Rings der schwarzen Zahlen besteht.

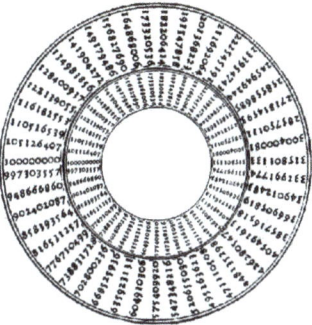

Zwei Ringe der schwarzen Zahlen.[98]

Implementierung mit Plastikscheiben.[99]

Wie wir als Nächstes sehen, war die Rechenscheibe ein Nachzügler bei der Anwendung von logarithmischen Skalen für Berechnungen.

Erfindung des Rechenschiebers

Die Entwicklung beginnt mit Edmund Gunter (1581–1626). Er war von Briggs in Mathematik unterrichtet worden, der 1596 der erste Professor für Geometrie am kürzlich gegründeten Gresham College in London wurde. Im Jahr 1619 trat Gunter als Professor für Geometrie in dasselbe College ein und wurde damit Briggs' Kollege. Er arbeitete in den Bereichen Mathematik, Geometrie und Astronomie.

Im Jahr 1620 – also ein Jahr nach seinem Eintritt ins Gresham College und zwölf Jahre bevor Oughtred die Rechenscheibe erfand – entwickelte Gunter die logarithmische Skala zur Basis 10. Sie wurde auf Englisch als *Gunter's Line* bekannt. Wir nennen sie hier *Gunters Skala*. Gunter bezog die Daten für die Skala sicherlich aus der von Briggs erstellten Logarithmentafel mit Basis 10. Wir behandeln diese Tafel später in Kapitel 15. Gunter markierte seine Skala auf einem Lineal.

Gunters Lineal.[100]

Er zeigte dann, dass die Multiplikation wie folgt durchgeführt werden kann. Angenommen, wir wollen 1.284 · 1.822 berechnen. Wir messen mit einem nicht-kollabierenden Zirkel[101] auf der Skala den Abstand von 1.0 zu 1.284. Dann setzen wir einen Schenkel des Zirkels auf 1.822 der Skala und den zweiten Schenkel rechts davon, der dann die gewünschte Lösung 2.339 anzeigt.

Im Jahr 1622 verbesserte Oughtred Gunters Methode: Er legte eine zweite Skala unter die ursprüngliche. Durch Verschieben der zweiten Skala konnte er ohne Verwendung eines Zirkels rechnen. Damit hatte Oughtred den *Rechenschieber* erfunden.

Die nächsten 350 Jahre brachten zahlreiche Verbesserungen von Oughtreds Erfindungen.[102] Ein Beispiel ist Thachers Rechenzylinder von 1890.

Thachers Rechenzylinder.[103]

Er hat eine Skala auf dem inneren Stab und eine zweite auf den äußeren Lamellen. Die Gesamtlänge des Geräts beträgt erhebliche 61 cm. Der Effekt ist eine enorme Gesamtlänge der Skalen von 9 m.

Ist das die längste Skala? Bei weitem nicht. Inzwischen ist ein Rechenschieber vorgeschlagen worden, der mit einer Skala von 2 km wahrscheinlich einen Rekord darstellt.[104]

Ein modernes Beispiel für die Rechenscheibe ist der Taschenrechner KL-1. Hier sind Vorder- und Rückseite.

Taschenrechner KL-1.[105]

Die Skala auf der einen Seite ist fixiert, während die Skala auf der anderen Seite mit einem der beiden Knöpfe gedreht werden kann. Die Vorder- und Rückseite haben je einen Zeiger. Die beiden Zeiger sind miteinander verbunden und werden gemeinsam durch den zweiten Knopf gedreht.

Vorder- und Rückseite des Rechners sind im Wesentlichen je ein Bürgi-Ring mit schwarzen Zahlen. Die beiden verbundenen Zeiger ermöglichen, Werte der einen Seite auf die andere zu übertragen.

Die Produktion von Rechenschiebern, Rechenscheiben und Rechenzylindern hörte 1976 plötzlich auf, als der erste preiswerte elektronische Taschenrechner auf den Markt kam.

Es wäre ein Einfaches für Bürgi gewesen, eine Rechenscheibe zu konstruieren. Das nächste Kapitel beschreibt die Methode.

12

Bau einer Rechenscheibe

Der Entwurf und die Implementierung einer Rechenscheibe wären für Bürgi ein Leichtes gewesen. Wir skizzieren die Schritte.

Abstände der Striche

Die Abstände der Striche auf einem Rechenschieber können ein Minimum nicht unterschreiten, das durch die Produktionstechnik und die Sehschärfe des menschlichen Auges bestimmt ist. Die Striche werden dann so gewählt, dass der Mindestabstand annähernd erreicht wird. Für jede logarithmische Skala bedeutet dies zwangsläufig, dass die kleinen Zahlen des Bereichs 1.0–10.0 eine detailliertere Darstellung haben als die großen Zahlen. Wenn man einmal diese Zahlen gewählt hat, erhält man die entsprechenden roten Zahlen von Bürgis Logarithmentafel.

Die Bestimmung der roten Zahlen muss nicht mit hoher Genauigkeit ausgeführt werden: Man nimmt einfach die rote Zahl, deren schwarze Zahl der gegebenen Zahl am nächsten ist. Hier ist ein Beispiel. Der Einfachheit halber benutzen wir die skalierte Tafel.

Nehmen wir an, dass die Striche die Zahlen 1.00, 1.02, 1.04, 1.06, . . . , 9.90, 9.95, und 10.0 darstellen sollen. Die entsprechenden roten Zahlen aus Bürgis skalierter Tafel sind 0, 198, 392, 583, . . . 22 927, 22 977, und 23 027. Wir erhalten die Position der Striche, indem wir jede dieser roten Zahlen durch 23 027 dividieren und mit dem Umfang c der Rechenscheibe multiplizieren. Für diese Berechnung verwenden wir Bürgis skalierte Tafel, wie folgt: Wir bestimmen den Logarithmus jeder roten Zahl, addieren den Logarithmus von $c/23\,027$ dazu und deklarieren die Summe als eine rote Zahl, für die wir die entsprechende schwarze Zahl mittels der Tafel bestimmen. Die resultierenden Zahlen geben die Position der Striche an.

Rechenaufwand

Geht man von einem durchschnittlichen Abstand der roten Zahlen von etwa 60 aus, müssen weniger als 400 rote Zahlen so gehandhabt werden. Dies entspricht der Genauigkeit eines technischen Rechenschiebers aus dem 20. Jahrhundert.

Während die Berechnung der Striche mit Hilfe von Bürgis Logarithmentafel relativ einfach ist, erfordert der anschließende Bau der Rechenscheibe Präzisionsarbeit. Zum Beispiel, wenn man die Scheibe aus Messingblech anfertigt, muss sie sorgfältig graviert und beschriftet werden. Aber angesichts der Genauigkeit, mit der die Handwerker zur Bürgis Zeit arbeiteten, hätte man es wahrscheinlich in ein paar Tagen schaffen können.

Hätte Bürgi also die obigen Schritte getan, hätte er innerhalb einer Woche die erste Rechenscheibe in der Hand gehabt. Und wenn er sie dann Naturwissenschaftlern und Ingenieuren vorgeführt hätte, hätten sie sich darum gerissen, ein solches Werkzeug für ihre Arbeit zu bekommen.

Während des ersten Einsatzes der Rechenscheibe hätte Bürgi sicherlich zusätzliche Skalen für effizientes Rechnen entwickelt.

Zusätzliche Skalen

Er hätte sofort gesehen, dass Potenzieren und Wurzelziehen durch Hinzufügen einer linearen Skala möglich ist. Anfänglich hätte er vielleicht daran gedacht, eine lineare Skala hinzuzufügen, die den Bereich 0–23027 der roten Zahlen seiner Tafel abdeckt. Aber dann hätte er diese Idee geändert: Warum nicht die lineare Skala von 0.0 bis 1.0 verwenden?

Das wäre nicht nur einfacher zu implementieren gewesen, sondern – was noch wichtiger ist – hätte auch zu einfacherem Potenzieren und Wurzelziehen geführt, als es seine Tafel ermöglichte.[106] Eine lineare Skala von 0.0 bis 1.0 ist natürlich die geometrische Darstellung des Logarithmus zur Basis 10. Dieser Gedanke hätte Bürgi veranlasst, über die Konstruktion einer genauen Tafel für diesen Logarithmus nachzudenken.

Er hätte noch mehr machen können. Warum sollte er nicht eine Skala der Sinusfunktion hinzufügen, die von ihm sehr genau berechnet worden war? Und dann gibt es noch zahlreiche Anwendungen, die spezielle Skalen erfordern. Sie stellen im Wesentlichen bestimmte Berechnungen dar, wie zum Beispiel die Multiplikation mit $\pi = 3.1415\ldots$. Angesichts Bürgis handwerklicher Erfahrung hätte er sofort das Potenzial für derartige Variationen der Rechenscheibe gesehen.

Erstaunlich, dass er nichts von dem erreicht hat, nur weil er die Idee, die in dem schwarzen Zahlenring des Titelblatts liegt, nicht weiterverfolgte.

Warum hat er diese Idee nicht gehabt, oder wahrscheinlicher, warum hat er sie gehabt, aber nicht benutzt?

Bürgis Entscheidung

Wir können nur raten, wie Bürgi argumentiert hat. Aber Folgendes ist wahrscheinlich. Eine wichtige wissenschaftliche Aufgabe war damals die Bestimmung der Bewegungen der Sterne und Planeten. Sie verlangte äußerste Präzision bei Messungen und Berechnungen, wenn die Ergebnisse darüber entscheiden sollten, welche der vorgeschlagenen Theorien richtig war.

Bürgi war für dieses Programm perfekt: Er hatte den Antrieb – ja, die Besessenheit –, effiziente und extrem präzise Berechnungsmethoden, Uhren, Instrumente und Werkzeuge zu entwickeln.

Eine Rechenscheibe egal welchen Durchmessers wäre von vornherein zu ungenau gewesen und konnte daher nicht Bürgis Standard erreichen. Es ist wahrscheinlich, dass dieser Gedanke Bürgi überzeugte, die Konstruktion dieses Geräts nicht anzufangen.

Wir gehen von Bürgi zu Napier, der ebenfalls eine Logarithmentafel konstruierte, allerdings mit einem ganz anderen Ansatz.

13

John Napier

John Napier (1550–1617) begann im Alter von 13 Jahren ein Studium am St. Salvator's College in St. Andrews. Er studierte auch in Kontinentaleuropa, kehrte 1571 im Alter von 21 Jahren nach Schottland zurück und kaufte ein Schloss in Gartness.

Nach dem Tod seines Vaters, Sir Archibald Napier, im Jahr 1608, zog Napier zum Familiensitz Merchiston Castle in Edinburgh.[107]

Er war Mathematiker, Physiker und Astronom. Sein besonderes Interesse galt der Vereinfachung der mühsamen manuellen Arithmetik. Er erfand mehrere Hilfsmittel. Eines davon wurde als *Napiers Rechenstäbchen* bekannt.[110] Es waren Stäbchen mit Zahlen, die, nebeneinander gelegt, die Multiplikation mit einer einstelligen Zahl in eine triviale Aufgabe verwandelten.[111] Wiederholte Anwendung

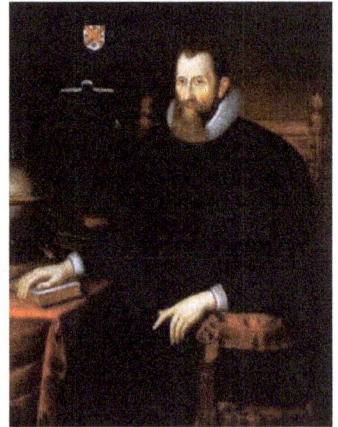

John Napier.[108]

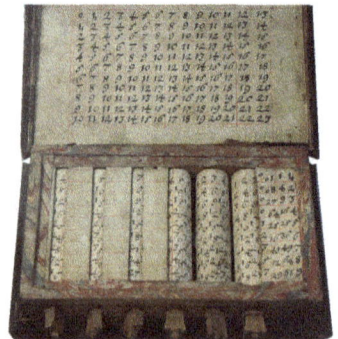

Napiers Rechenstäbchen, 18. Jh.[109]

des Verfahrens und Addition der Ergebnisse ermöglichten die Multiplikation allgemeiner Zahlen.

Napiers Werkzeuge gaben den Anstoß zur Entwicklung komplexerer Rechengeräte, die wiederum zu mechanischen Rechenmaschinen führten. Der wichtigste Beitrag ist seine Logarithmentafel. Er berechnete sie mittels eines geometrischen Modells von zwei Punkten, die sich mit verschiedener Geschwindigkeit bewegen. Deshalb ist seine Arbeit eindeutig unabhängig von Bürgis Ansatz.

Napiers Modell

Wir fangen mit einem Liniensegment L mit Länge N an. Ein Punkt started an einem Ende von L und bewegt sich auf das andere Ende zu. Die Anfangsgeschwindigkeit ist N. Direkt danach fällt die Geschwindigkeit ab, wie folgt: Wenn der Punkt die Strecke z zurückgelegt hat, hat sich die Geschwindigkeit auf $N - z$ verringert.

Wir wollen berechnen, wie lange der Punkt braucht, um die Strecke z zurückzulegen.

$$0 \;\text{———}\; z \;\text{———}\; N$$

Wir bezeichnen diesen Zeitraum mit $T(z)$. Mit Hilfe der Infinitesimalrechnung und des natürlichen Logarithmus ln zur Basis $e = 2.71828\ldots$, haben wir[112]

$$T(z) = \ln(N) - \ln(N - z)$$

Wir betrachten jetzt einen zweiten Punkt, der sich vom Endpunkt eines Strahls bewegt. Er beginnt zur gleichen Zeit wie der erste Punkt auf L, bewegt sich aber mit konstanter Geschwindigkeit N. Zum Zeitpunkt $T(z)$ hat der zweite Punkt eine bestimmte Strecke $D(z)$ zurückgelegt.

$$0 \;\text{———}\; D(z) \text{ zum Zeitpunkt } T(z)$$

Da die Geschwindigkeit dieses Punktes gleich N ist, haben wir

$$D(z) = N \cdot T(z) = N(\ln(N) - \ln(N - z))$$

Napier definiert $D(z)$ als den *Logarithmus* von $N - z$. Wir bezeichnen ihn mit $\text{LOG}_{\text{Napier}}$.

Es sei $x = N - z$, die Strecke, die der erste Punkt auf der Strecke L noch zurücklegen muss. Wir setzen x für $N - z$ in die obige Formel für $D(z)$ ein und erhalten

$$\text{LOG}_{\text{Napier}}(x) = N(\ln(N) - \ln(x)) = N \cdot \ln(N/x)$$

Die obige Beziehung zwischen $\text{LOG}_{\text{Napier}}$ und ln wurde viel später bewiesen, nämlich nach der Erfindung der Infinitesimalrechnung und der Definition der Zahl e und des natürlichen Logarithmus. In der Tat, mehr als fünfzig Jahre nach Napiers Tod entwickelten Gottfried Wilhelm Leibniz (1646–1716) und Isaac Newton (1643–1727) unabhängig voneinander die Infinitesimalrechnung, in der Zeit von 1666 bis 1684, und Jacob Bernoulli (1655–1705) definierte die Zahl e im Jahr 1685. Dies bedeutet natürlich, dass Napier seine Logarithmentafel nicht mit Hilfe der obigen Formeln entwickelte. Stattdessen verwendete er eine diskrete Näherung mit $N = 10^7$.

In mehrjähriger Arbeit erstellte Napier seine Logarithmentafel und veröffentlichte sie in einem Buch mit dem Titel *Mirifici Logarithmorum Canonis Descriptio* („Beschreibung der wunderbaren Regel der Logarithmen").

Napier *Mirifici Logarithmorum Canonis Descriptio*, 1614.[113]

Die Tafel ist speziell für das Rechnen mit den Sinuswerten der Trigonometrie konzipiert. Dementsprechend bietet das Buch eine detaillierte Diskussion der zugrundeliegenden Mathematik und erklärt den Gebrauch der Tafel mit vielen Beispielfällen.

Das Buch wurde 1614 gedruckt, sechs Jahre vor der Veröffentlichung von Bürgis Logarithmentafel. Die Tafel brachte Napier Ruhm als alleiniger Erfinder des Logarithmus. Diese Auffassung hielt sich bis ins 19. Jahrhundert.

Für den Leser, der an Details interessiert ist, gibt es eine ausführlich kommentierte Übersetzung des Buches ins Englische. Wir stützen uns im Folgenden auf sie, natürlich nach zusätzlicher deutscher Übersetzung.

Das Vorwort des Buches umreißt die erstaunliche Vereinfachung des Rechnens durch das neue Konzept des Logarithmus. Die Übersetzung des Vorworts ist zu lang, um hier aufgeführt zu werden. Wir schließen aber die Übersetzung des hervorgehobenen Textes ein.[114]

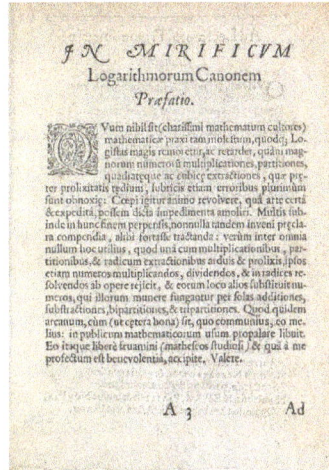

Vorwort *Mirifici Logarithmorum Canonis Descriptio*, 1614.[115]

„Da in der Tat das Geheimnis [von Napiers Erfindung des Logarithmus] am besten allen zugänglich gemacht wird, wie alle guten Dinge, so ist es eine angenehme Aufgabe, die Methode für den öffentlichen Gebrauch der Mathematiker darzulegen. Also, Studenten der Mathematik, nehmt und genießt dieses Werk, das von mir aus Wohlwollen publiziert wird. Lebt wohl."

Diese Sätze zeigen die Großzügigkeit Napiers, der seine Erfindung ohne Gedanken an Bezahlung zugänglich macht. Dies steht in krassem Gegensatz zu der Art und Weise, wie Bürgi mit der Veröffentlichung seiner Logarithmentafel verfuhr.

Wir dividieren jetzt die Zahlen x sowie $\mathrm{LOG}_{\mathrm{Napier}}(x)$ durch N und definieren y und $\log_{\mathrm{Napier}}(y)$ wie folgt:

$$y = x/N$$
$$\log_{\mathrm{Napier}}(y) = \mathrm{LOG}_{\mathrm{Napier}}(N \cdot y)/N$$

Die anfängliche Gleichung $\text{LOG}_{\text{Napier}}(x) = N \cdot \ln(N/x)$ ergibt dann

$$\log_{\text{Napier}}(y) = \ln(1/y) = -\ln(y)$$

$$y = (1/e)^{\log_{\text{Napier}}(y)}$$

Somit liefern y und $\log_{\text{Napier}}(y)$ eine Logarithmentafel zur Basis $1/e = 0.36787\ldots$

Napier wusste nicht, dass sein Logarithmus mit $1/e$ und dem natürlichen Logarithmus verbunden war, da beide zu seiner Zeit noch nicht definiert waren. Wir erwähnen diesen bekannten Zusammenhang nur, um zu beweisen, dass Napiers Logarithmus sich genauso verhält, wie von ihm behauptet. Das heißt, die Addition von Logarithmuswerten ersetzt die Multiplikation, die Subtraktion ersetzt die Division und so weiter.

Außer dieser Demonstration werden wir die Verbindung mit $1/e$ und dem natürlichen Logarithmus nicht weiter verfolgen. Damit folgen wir dem Grundgedanken unserer Untersuchung: Wir verwenden moderne Werkzeuge, um Zusammenhänge zu verstehen, interpretieren aber Napiers Handlungen nur mit Konzepten, die ihm zur Verfügung standen.

Die Daten in Napiers Tafel sind in einer merkwürdigen Weise angeordnet.

Format von Napiers Tafel

Napier gestaltete die Tafel so, dass sie insbesondere für das Rechnen mit Werten der Sinusfunktion der Trigonometrie hilfreich war. Dementsprechend sind die x-Werte gleich $\sin(\alpha)$, wobei der Winkel α von 0 bis 90 Grad reicht, in Abständen von 1 Bogenminute.

Napier ordnete die Auflistung von Winkeln, Sinuswerten und Logarithmen der Tafel in eigenartiger Weise an. Auf jeder Seite führen drei Spalten auf der linken Seite die Winkel α mit den entsprechenden Werten $x = \sin(\alpha)$ und Logarithmen $\text{LOG}_{\text{Napier}}(x)$ auf, während drei Spalten auf der rechten Seite dieselben Daten für die

Winkel $90 - \alpha$ enthalten. Infolgedessen decken die linken Spalten der Seiten insgesamt die Grade 0 bis 45 ab, während die rechten Spalten die Grade 45 bis 90 in umgekehrter Reihenfolge behandeln.

Auf der unten stehenden Beispielseite der Tafel beginnen die Winkel α auf der linken Seite ganz oben bei 5 Grad und 30 Minuten und enden unten auf der Seite - nicht dargestellt - mit 5 Grad und 60 Minuten. Die abnehmenden Winkel $90 - \alpha$ auf der rechten Seite beginnen oben mit 84 Grad und 30 Minuten und enden unten mit 84 Grad und 0 Minuten.

Gr. 5						
5 min.	Sinus	Logarithmi	Differentie	logarihmi	Sinus	
30	958458	23450143	23403999	46144	9953962	30
31	961354	23419980	23373556	46424	9953683	29
32	964249	23389908	23343203	46705	9953403	28
33	967144	23359927	23312940	46987	9953122	27
34	970039	23330036	23282766	47270	9952840	26
35	972934	23300235	23252681	47554	9952557	25
36	975829	23270525	23222686	47839	9952274	24
37	978724	23240903	23192778	48125	9951990	23
38	981619	23211368	23162956	48412	9951705	22
39	984514	23181920	23133220	48700	9951419	21
40	987408	23152560	23103572	48988	9951132	20
41	990303	23123287	23074010	49277	9950844	19

Tafel *Mirifici Logarithmorum Canonis Descriptio*.[116]

Zum Beispiel, für den Winkel α gleich 5 Grad und 32 min zeigt die Tafel $\sin(\alpha) = x = 964\,249$, und $\text{LOG}_{\text{Napier}}(x) = 23\,389\,908$.

Warum hat Napier eine solch seltsame Anordnung der Winkel gewählt, und welche Rolle spielt die hervorgehobene Spalte Differentia in der Mitte der Tafel?

Rolle der Differentia-Spalte

Die Spalte Differentia zeigt die Differenz zwischen dem Logarithmuswert auf der linken Seite minus dem Logarithmuswert auf der rechten Seite an. Diese Spalte und die seltsame Anordnung der Werte in der Tafel sind das Ergebnis einer brillanten Idee: Napier wollte Logarithmen nicht nur für Sinuswerte aufführen, sondern auch für Tangenswerte. Da

$$\tan\alpha = \sin(\alpha) / \sin(90 - \alpha)$$

haben wir

$$\text{LOG}_{\text{Napier}}(\tan(\alpha)) = \text{LOG}_{\text{Napier}}(\sin(\alpha)) - \text{LOG}_{\text{Napier}}(\sin(90 - \alpha))$$

Die rechte Seite der Gleichung ist der Differentia-Wert, der somit den Logarithmus für tan(α) liefert.

Wir definieren eine skalierte Version von Napiers Tafel, die wir im nächsten Kapitel verwenden.

Napiers skalierte Tafel

Zuvor haben wir y und $\log_{\text{Napier}}(y)$ von x und $\text{LOG}_{\text{Napier}}(x)$ abgeleitet, indem wir die beiden letzteren Terme durch $N = 10^7$ dividiert haben. Wir wenden diese Skalierung auf die entsprechenden Einträge von Napiers Tafel an und erhalten so *Napiers skalierte Tafel*.

Anders ausgedrückt: Wir verwandeln die ursprüngliche Tafel in die skalierte, indem wir den Dezimalpunkt der Einträge für x und $\text{LOG}_{\text{Napier}}(x)$ um 7 Stellen nach links verschieben. Insbesondere reduziert dies die in Napiers Tafel aufgeführten Sinuswerte, die ganze Zahlen x im Bereich von 0 bis 10 000 000 sind, auf die modernen Werte y im Bereich von 0.0 bis 1.0.

Wir erörtern kurz die Genauigkeit der ursprünglichen Tafel und damit der skalierten Version. Die vorher zitierte kommentierte englische Übersetzung[117] von *Mirifici Logarithmorum Canonis Descriptio* weist auf zahlreiche Fälle hin, in denen der veröffentlichte Wert zu einem gewissen Grad von dem korrekten Wert des Logarithmus zur Basis $1/e$ abweicht.

Wir ignorieren diesen Aspekt und verwenden immer die Originalwerte. Dies vereinfacht die Darstellung der Resultate und vermeidet mögliche Unklarheiten, ob zitierte Werte in der ursprünglichen Tafel vorkommen oder korrigierte Versionen sind.

Im nächsten Kapitel sehen wir, wie die skalierte Tafel von Napier für Berechnungen außerhalb der Trigonometrie benutzt werden kann.

Rechnen mit Napiers Tafel

Wir wollen Napiers Logarithmentafel für Berechnungen mit allgemeinen Zahlen und nicht nur mit Sinuswerten einsetzen. Dies erfordert Sorgfalt, wie wir jetzt sehen.

Erstens sind die Sinuswerte sehr kleiner Winkel durch relativ große Differenzen getrennt, wie der hier gezeigte linke Teil der ersten Seite der Tafel zeigt.

Zweitens weicht in diesem Bereich von x die Funktion $\mathrm{LOG}_{\mathrm{Napier}}(x)$ stark von einer Geraden ab. Der Effekt ist, dass eine Interpolation in diesem Bereich zu ungenauen Werten führt. Napier war sich dessen voll bewusst und empfahl in seinen Anweisungen eine gewisse Verschiebung der Logarithmuswerte.

Gr.		o
o		
min	Sinus.	Logarithmi
0	0	infinitum
1	2909	81425681
2	5818	74494213
3	8727	70439564
4	11636	67562745
5	14544	65331315
6	17453	63508099
7	20362	61966595
8	23271	60631284
9	26180	59453453
10	29088	58399857
11	31997	57446759
12	34906	56576646
13	37815	55776222
14	40724	55035148
15	43632	54345225
16	46541	53699843
17	49450	53093600
18	52359	52522019
19	55268	51981356
20	58177	51468431
21	61086	50980537
22	63995	50515342
23	66904	50070827

Teil der ersten Seite *Mirifici Logarithmorum Canonis Descriptio*.[118]

Wir gehen nicht auf Details dieser Verschiebung ein, ändern aber die in Kapitel 13 definierte skalierte Tafel im Sinne von Napiers Verschiebung. Wir erinnern daran, dass wir die skalierte Tafel von der Originaltafel durch Verschieben des Dezimalpunktes von x und $\mathrm{LOG}_{\mathrm{Napier}}(x)$ um 7 Stellen nach links abgeleitet haben. Folgende Änderung der skalierten Tafel hat denselben Effekt wie Napiers Verschiebung in der Originaltafel.

Zunächst setzen wir in die Tafel einen neuen Eintrag mit $y = 0.1$, also zwischen $y = 0.099\,8987$ des Winkels $\alpha = 5$ Grad 44 Minuten und $y = 0.100\,1881$ des Winkels $\alpha = 5$ Grad 45 Minuten. Napiers Anweisungen liefern für $y = 0.1$ den Logarithmuswert[119] 2.302 5842. Hier verwenden wir die rote Farbe für Logarithmen genau wie in Bürgis Tafel, obwohl Napier seine Logarithmen-Werte nicht als rot definierte.

Zweitens löschen wir alle Einträge, die dem hinzugefügten Eintrag vorausgehen. So erhalten wir eine Tafel, die den Logarithmus für y-Werte im Bereich von 0.1 bis 1.0 enthält. Im Folgenden bezeichnen wir diese modifizierte Version weiterhin als *Napiers skalierte Tafel*. Sie ist die analoge Version von Bürgis skalierter Tafel.

Wir sehen jetzt, wie wir mittels der skalierten Tafel Berechnungen mit allgemeinen Zahlen ausführen können.

Benutzung von Napiers skalierter Tafel

Die y-Werte der skalierten Tafel haben durchweg einen kleinen Abstand. Die entsprechenden Logarithmuswerte haben Werte von 2.302 5842 herunter bis 0. Hier sind der Anfang und das Ende der skalierten Tafel, plus ein paar Zwischeneinträge. Die Abstände zwischen den roten Zahlen sind immer weniger als 0.002 und damit, wie gewünscht, klein.

y	$\log_{\mathrm{Napier}}(y)$
0.1 000 000	2.302 5842
0.100 188 1	2.300 7056
0.100 477 5	2.297 8212
⋯	
0.510 543 0	0.672 2802

0.510 793 2	0.671 7905
0.511 043 1	0.671 3011
...	
0.999 999 6	0.000 0004
0.999 999 8	0.000 0002
1.000 000 0	0.000 0000

Rechnen

Multiplikation, Division, Potenzieren und Wurzelziehen werden analog zum Bürgi-Fall durchgeführt. Bei der Diskussion dieser Operationen bezeichnen wir die Basis der Logarithmuswerte mit b. Von Kapitel 13 her wissen wir, dass $b = 1/e = 0.36787\ldots$

Wie in Kapitel 13 erklärt, wusste Napier nichts von dem Zusammenhang seines Logarithmus mit $1/e$, da e noch nicht definiert worden war. Aus Gründen der Konsistenz verwenden wir im Folgenden deshalb auch nicht den numerischen Wert von b. Wir können so demonstrieren, dass Napier die Berechnungen mit der skalierten Tafel wie unten beschrieben hätte durchführen können, ohne den Wert von b zu kennen. In der Tat sind es die gleichen Schritte, die Bürgi mit Bürgis skalierter Tafel hätte ausführen können.

Anfängliches Skalieren mit Potenzen von 10 bringt eine gegebene Zahl in den Bereich 0.1–1.0. Die Einträge 0.1 und 2.302 5842 in der der ersten Zeile der Tafel bedeuten, dass

$$b^{2.302\,5842} = 0.1$$

Wir nennen jetzt den Logarithmuswert 2.302 5842 die *Napier-Konstante*. Sie ist mit der Skalierung mit Potenzen von 10 wie folgt verknüpft.

Für beliebige k und n ändert sich der Wert b^n nicht, wenn man ihn mit 10^k multipliziert und $k \cdot 2.302\,5842$ zum Exponenten n addiert. Somit haben wir für jede ganze Zahl k die *Napier-Skalierung*

$$b^n = 10^k \cdot b^{n+k \cdot 2.302\,5842}$$

Wir benutzen diese Schritte im folgenden Beispiel für die Multiplikation.

Multiplikation

Wir wollen $133.1 \cdot 4.022$ berechnen. Der Übersichtlichkeit halber runden wir die Logarithmen auf vier signifikante Stellen.

$$
\begin{aligned}
133.1 \cdot 4.022 &= 10^4 \cdot 0.1331 \cdot 0.4022 && \text{(skalieren)} \\
&= 10^4 \cdot b^{2.016} \cdot b^{0.911} && \text{(skal. Tafel)} \\
&= 10^4 \cdot (b^{2.016+0.911}) && \text{(Addition)} \\
&= 10^4 \cdot b^{2.927} && \text{(vereinfachen)} \\
&= 10^4 \cdot 10^{-1} \cdot b^{2.927-2.303} && \text{(N.-Skal. } k = -1) \\
&= 10^3 \cdot b^{0.624} && \text{(vereinfachen)} \\
&= 10^3 \cdot 0.5358 = 535.8 && \text{(skal. Tafel)}
\end{aligned}
$$

Das Endergebnis 535.8 weicht ein wenig von der korrekten Zahl 535.3282 ab wegen der Rundung der Logarithmuswerte und kleinen Fehlern in Napiers ursprünglicher Tafel, die somit auch in der skalierten Tafel auftauchen.

Division, Potenzieren, Wurzelziehen

Division, Potenzieren und Wurzelziehen können in ähnlicher Weise von den Bürgi-Beispielen abgeleitet werden. Wie in Bürgis Fall hat die anfängliche Skalierung zur Folge, dass bei Multiplikation und Division die Napier-Skalierung entweder nicht benötigt wird oder den Faktor 10^k mit $k = \pm 1$ erfordert.

Im Jahr 1616 besuchte Henry Briggs (1561–1630) Napier und schlug die Konstruktion einer neuen Logarithmentafel vor, die einfacher zu benutzen sein würde. Napier stimmte sofort zu – ein weiteres Zeichen seiner Großzügigkeit. Briggs begann noch im selben Jahr mit den Berechnungen.

15
Henry Briggs

Henry Briggs (1561–1630) begann seine Ausbildung am St. John's College in Cambridge in den Jahren 1577 bis 1585. Er avancierte 1592 zum Tutor und Dozenten der Fakultät. Im Jahr 1596 wurde er der erste Professor für Geometrie am kürzlich gegründeten Gresham College in London. Neben Mathematik lehrte er auch Astronomie und Navigation. Wie wir in Kapitel 11 sahen, war er zunächst ein Tutor und später ein Kollege von Gunter.[120]

Während seines Besuches bei Napier im Jahr 1616 schlug Briggs 10 als Basis für eine neue Logarithmen-tafel vor. Wir bezeichnen diesen Logarithmus mit $\log_{\text{Briggs}}$.

Bis 1617 hatte Briggs die Logarithmen für die Zahlen 1–1000 berechnet und sie in *Logarithmorum Chilias Prima* veröffentlicht.[121] Sieben Jahre später, im Jahr 1624, veröffentlichte er eine wesentlich größere Tafel in *Arithmetica Logarithmica*.[122]

Auf der Titelseite legt Briggs großen Wert auf die Feststellung, dass Napier der alleinige Erfinder der Logarithmen war. Diese Schlussfolgerung

Briggs *Logarithmorum Chilias Prima*, 1617.[123]

galt bis ins 19. Jahrhundert, als Bürgis Arbeit bekannter wurde.

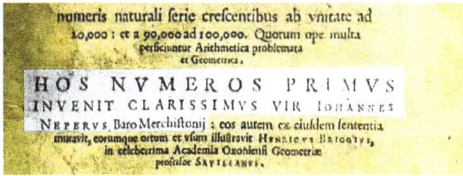

Briggs *Arithmetica Logarithmica*, Detail.

Der hervorgehobene Teil erklärt:

„Welche Zahlen [die Logarithmen] erfand der brillante Gentleman John Napier, Baron von Merchiston."

Das Buch beschreibt auf 88 Seiten die Berechnungsmethoden und auf 289 Seiten 14-stellige $\log_{\text{Briggs}}$-Werte für

Briggs *Arithmetica Logarithmica*, 1624.[124]

die Zahlen 1–20 000 und 90 000–100 000. Insgesamt hat die Tafel 30 000 Einträge.

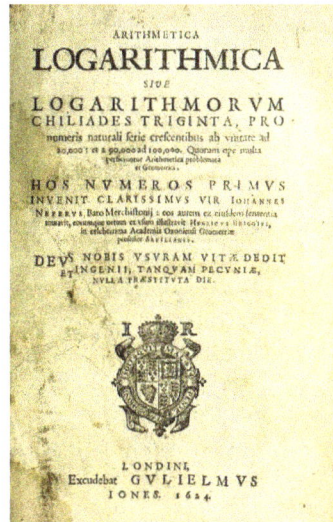

Ausschnitt der Logarithmentafel *Arithmetica Logarithmica*. [125]

Da die Tafel keine $\log_{\text{Briggs}}$-Werte für die Zahlen 20 001–89 999 enthält, ist sie dann nicht unvollständig und kann deshalb auch nicht für allgemeines Rechnen verwendet werden? Eine kurze Antwort ist ein entschiedenes „Nein". Eine längere Antwort folgt später, wenn wir die Tafel etwas umstrukturiert haben.[126]

Sehen wir uns zunächst die $\log_{\text{Briggs}}$-Werte für 2, 20 und 200 an. Sie sind

$$0.301\,029\,995\,663\,98$$
$$1.301\,029\,995\,663\,98$$
$$2.301\,029\,995\,663\,98$$

Sie unterscheiden sich nur durch die ganze Zahl. In der Tat, wenn wir eine beliebige Dezimalzahl y mit einem Faktor 10^k skalieren, dann ändert sich $\log_{\text{Briggs}}(y)$ wie folgt.

$$\log_{\text{Briggs}}(10^k \cdot y) = \log_{\text{Briggs}}(y) + \log_{\text{Briggs}}(10^k)$$
$$= \log_{\text{Briggs}}(y) + k$$

Das heißt, man addiert einfach k zu dem Logarithmuswert. Dies ist Briggs' geniale Ausnutzung der Beziehung, die die Dezimalzahlen mit den Logarithmen zur Basis 10 verbindet. Wir nennen diesen einfachen Additionsschritt *Briggs-Skalierung*, da er der Bürgi-Skalierung und der Napier-Skalierung entspricht.

Wir nutzen diese Tatsache, um Briggs' Tafel so umzustrukturieren, dass sie keine redundanten Auflistungen von Zahlen enthält, die sich nur durch Potenzen von 10 unterscheiden und deren $\log_{\text{Briggs}}$-Werte sich daher nur in der ganzen Zahl vor dem Dezimalpunkt unterscheiden.

Zuerst löschen wir alle Zahlen, deren niedrigste Stelle 0 ist, zusammen mit ihren $\log_{\text{Briggs}}$-Werten. Dies leuchtet ein, da die Tafel auch eine Zahl ohne diese 0 enthält, die sich nur um eine Potenz von 10 unterscheidet. Nebenbei bemerkt: Wie viele Zahlen/Logarithmenpaare haben wir gestrichen? Eine einfache Berechnung ergibt, dass etwa 4 000 Zahlen eliminiert worden sind. Somit enthält die reduzierte Tafel etwa 26 000 Einträge.

Warum hat Briggs eine solche Redundanz eingeführt? Da die Notation von Descartes für Exponenten noch nicht existierte, kann man vermuten, dass Briggs sich gezwungen sah, eine Tafel zu erstellen, die ohne Skalierung benutzt werden konnte.

Zweitens fügen wir in jede der verbleibenden Zahlen einen Dezimalpunkt nach der äußersten linken Stelle ein und ersetzen die äußerste linke Stelle eines jeden $\log_{\text{Briggs}}$-Wertes durch 0. Zum Beispiel wird 205 zu 2.05, und der zugehörige $\log_{\text{Briggs}}$-Wert 2.31175... wird 0.31175...

Drittens sortieren wir die gesamte Liste der Zahlen/Logarithmen-Paare in aufsteigender Reihenfolge. Die resultierenden Zahlen reichen von 1.0 bis 9.9999 und die zugehörigen Logarithmuswerte von 0.0 bis 0.999 995 657 033 47.

Wir nennen die resultierende Liste der Zahlen und $\log_{\text{Briggs}}$-Werte *Briggs' skalierte Tafel.*

Briggs' skalierte Tafel

Wir untersuchen jetzt das Problem, dass Briggs' Logarithmentafel keine Logarithmen für die Zahlen 20 001–89 999 liefert.

Dieses Fehlen von Werten verhindert nicht, dass die Tafel für allgemeine Berechnungen verwendet werden kann. Es hat lediglich zur Folge, dass die Logarithmuswerte für Zahlen größer als 2.0 und kleiner als 9.0 in der skalierten Tafel auf Einträgen der ursprünglichen Tafel im Bereich 2 001–8 999 beruhen.

Die Benutzung der letzteren Zahlen hat den Effekt, dass aufeinanderfolgende Zahlen der skalierten Tafel im Bereich 2.0 bis 9.0 sich um 0.001 unterscheiden und die übrigen aufeinanderfolgenden Zahlen um den kleineren Wert 0.0001. Dementsprechend variiert die Genauigkeit der Interpolation in der skalierten Tafel und ist am Anfang und Ende der Tafel am höchsten.

Hier ist ein Auszug der skalierten Tafel. Wir verwenden rote Farbe für die Logarithmuswerte, in Übereinstimmung mit den skalierten Tafeln von Bürgi und Napier.

y	$\log_{\text{Briggs}}(y)$
1.000 0	0.000 000 000 000 00
1.000 1	0.000 043 427 276 87
	...
2.000 0	0.301 029 995 663 98
2.001	0.301 247 088 636 21
	...
5.000	0.698 970 004 336 02
5.001	0.699 056 854 547 66
	...
8.999	0.954 194 251 815 87
9.000 0	0.954 242 509 439 32
	...
9.999 9	0.999 995 657 033 47
10.000 0	1.000 000 000 000 00

Briggs war sich der unterschiedlichen Genauigkeit bei Interpolation voll bewusst. Aber nach Jahren schwieriger Rechenarbeit fühlte er sich nicht mehr in der Lage, die restlichen Berechnungen auszuführen. Stattdessen erstellte er eine detaillierte Anleitung, wie die fehlenden Logarithmenwerte zu berechnen waren. Aber niemand meldete sich, den erheblichen Rechenaufwand zu übernehmen.[127]

Rechnen

Multiplikation, Division und Potenzieren mit der skalierten Tafel sind so einfach, dass wir Details weglassen. Wir erwähnen nur, dass *anfängliches Skalieren* die gegebenen Zahlen in den Bereich 1.0–10.0 bringt. Wir beschreiben aber das Wurzelziehen, da es etwas komplizierter ist. Angenommen, die k-te Wurzel einer Zahl soll berechnet werden.

Wir skalieren die Zahl zuerst mit einer Potenz von 10^k, sagen wir $10^{k \cdot m}$, so dass eine Zahl x erreicht wird, für die $1.0 \leq x < 10^k$ gilt.

Als nächstes skalieren wir x mit einer Potenz von 10, um eine Zahl y zu erhalten, für die $1.0 \leq y < 10$ gilt. Sagen wir, $x = 10^r \cdot y$. Da $x < 10^k$, wissen wir, dass $r < k$.

Mit Hilfe der skalierten Tafel erhalten wir $\log_{\text{Briggs}}(y)$. Daraus folgt, dass $\log_{\text{Briggs}}(x) = \log_{\text{Briggs}}(y) + r$.

Die k-te Wurzel von x, sagen wir z, hat $\log_{\text{Briggs}}(z) = \log_{\text{Briggs}}(x)/k$. Da $r < k$, liegt $\log_{\text{Briggs}}(z)$ zwischen 0.0 und 1.0, so dass z direkt von der skalierten Tafel abgelesen werden kann. Dann ist $10^m \cdot z$ die k-te Wurzel der ursprünglichen Zahl.

Hier ist ein Beispielproblem, das wir in Kapitel 7 mit Bürgis Tafel lösten. Wir verwenden die gleiche Notation, ersetzen aber Bürgis Basis 1.0001 durch 10. Wir runden auch die Logarithmuswerte aus Briggs' skalierter Tafel.

$$
\begin{aligned}
\sqrt[6]{4.05006 \cdot 10^{14}} &= 10^2 \cdot \sqrt[6]{4.05006 \cdot 10^2} && \text{(skalieren)} \\
&= 10^2 \cdot \sqrt[6]{10^{0.60746} \cdot 10^2} && \text{(skal. Tafel)} \\
&= 10^2 \cdot \sqrt[6]{10^{0.60746+2}} && \text{(Addition)} \\
&= 10^2 \cdot \sqrt[6]{10^{2.60746}} && \text{(vereinfachen)} \\
&= 10^2 \cdot 10^{2.60746/6} && \text{(Division durch 6)} \\
&= 10^2 \cdot 10^{0.43458} && \text{(vereinfachen)} \\
&= 10^2 \cdot 2.720 = 272.0 && \text{(skal. Tafel)}
\end{aligned}
$$

Soweit haben wir Einsicht in die Logarithmen von Bürgi, Napier und Briggs gewonnen. Auf den ersten Blick sahen die drei Tafeln dieser Logarithmen, und damit die Logarithmen selbst, sehr verschieden aus. Aber dann entdeckten wir mit Hilfe der drei skalierten Tafeln, dass die Logarithmen in Wirklichkeit doch recht ähnlich sind.

Im nächsten Kapitel vergleichen wir die Genauigkeit und Berechnungseffizienz dieser skalierten Tafeln.

16

Genauigkeit und Effizienz

Wir berechnen die Genauigkeit, die die skalierten Tafeln von Bürgi, Napier, und Briggs bieten, und untersuchen die Effizienz, mit der sie benutzt werden können.[128] Wie in Kapitel 6 bestimmen wir die Genauigkeit jeder Tafel annähernd mittels des maximalen Interpolationsfehlers. Wir nennen dies die *implizite Genauigkeit* der Tafel.

Bürgis skalierte Tafel

Kapitel 6 zeigt, dass die implizite Genauigkeit von Bürgis skalierter Tafel 9 Stellen beträgt. Das Ergebnis basiert auf dem maximalen Interpolationsfehler, wenn ein schwarzer Wert aus zwei roten Logarithmuswerten abgeleitet wird.

Der Fall von Napiers skalierter Tafel ist etwas komplizierter.

Napiers skalierte Tafel

Während Bürgi schwarze Werte für gegebene rote Logarithmuswerte berechnet, beginnt Napier mit Winkeln zwischen 0 und 90 Grad in Schritten von 1 Minute, berechnet die Sinuswerte und ermittelt für sie die entsprechenden $\log_{\text{Napier}}$-Werte.

Hier betrachten wir die Sinuswerte als die gegebenen schwarzen Zahlen und leiten die $\log_{\text{Napier}}$-Werte als die roten Zahlen ab. Die *implizite Genauigkeit* von Napiers skalierter Tafel ist dann die Genauigkeit, mit der die Interpolation diesen Schritt ausführen kann.

Napiers ursprüngliche Tafel basiert auf gleichmäßigen Abständen der Winkel zwischen 0 und 90 Grad. Der Abstand ist 1 Minute. Wenn die Winkel 90 Grad erreichen, konvergieren die Sinuswerte in immer kleineren Schritten gegen 1.0. Dementsprechend sind die schwarzen Zahlen der skalierten Tafel, also die Sinuswerte, in der Nähe von 1.0 dicht beieinander und in der Nähe von 0.1 weiter auseinander.

Da der Interpolationsfehler in der Nähe von 0.1 maximal ist, erhöht der größere Abstand der schwarzen Zahlen in der Nähe von 0.1 diesen Fehler.

Wir berechnen den Fehler mit und ohne diesen Inflationseffekt. Das Ergebnis ist, dass Napiers skalierte Tafel eine implizite Genauigkeit von 6 Stellen hat, die auf 7 Stellen ansteigt, wenn der Inflationseffekt herausgenommen wird.

Die Auswertung der skalierten Tafel von Briggs ist ebenfalls etwas schwieriger.

Briggs' skalierte Tafel

Wir definieren die *implizite Genauigkeit* von Briggs' Tafel analog zu Napiers Fall. So bestimmt der Interpolationsfehler bei der Berechnung eines roten Logarithmuswertes für eine gegebene schwarze Zahl die Genauigkeit.

Eine Komplikation ergibt sich daraus, dass Briggs' skalierte Tafel keine einheitlichen Abstände aufweist. In der Tat, sein Ziel – das er nie erreicht hat – war eine größere Tafel, bei der alle schwarzen Zahlen nach der Skalierung einen einheitlichen Abstand von 0.0001 hatten. Für Briggs' skalierte Tafel beträgt die implizite Genauigkeit 8 Stellen und für die größere skalierte Tafel 9 Stellen.

Anzahl der Stellen in den Tafeln

Es ist sehr wahrscheinlich, dass Bürgi die implizite Genauigkeit von 9 Stellen berechnete und daher 9 Stellen für die Einträge in der Tafel wählte. Dasselbe gilt wohl für Napiers Tafel, da die Logarithmen mit 7 Stellen aufgeführt sind, und wir eine 6- oder 7-stellige implizite Genauigkeit errechnet haben.

Andererseits ist es merkwürdig, dass Briggs 14 Stellen für die roten Zahlen wählte, aber die implizite Genauigkeit nur 8 bis 9 Stellen beträgt, je nachdem ob man die gegebene oder die erweiterte Tafel – mit einheitlichen Abständen von 0.0001 – in Betracht zieht. Eine Genauigkeit von 10 Stellen wäre wohl ausreichend gewesen.

Wir untersuchen jetzt die Effizienz, mit der Berechnungen durchgeführt werden können.

Effizienz

Multiplikation, Division, Potenzieren und Wurzelziehen erfordern einen ähnlichen Aufwand, wenn die skalierten Tafeln von Bürgi und Napier verwendet werden. Die Beispiele in Kapiteln 7 und 14 zeigen das.

In der Tat erfordern beide skalierten Tafeln Addition oder Subtraktion der Bürgi- oder Napier-Konstanten, um die Logarithmuswerte in den Bereich der Tafel zu bringen. Dieser Schritt ist trivial für Briggs' skalierte Tafel. Genau dieser Unterschied macht die Verwendung von Briggs' skalierter Tafel sehr viel effizienter.

Der Interpolationsaufwand variiert. Man ist vielleicht versucht zu behaupten, dass die Interpolation für allgemeine Berechnungen mit Napiers skalierter Tafel am meisten Zeit braucht, da Differenzen von unregelmäßig verteilten schwarzen und roten Werten berechnet und verarbeitet werden müssen. Außerdem liefert die Tafel diese Differenzen nicht.

Diese harsche Kritik ist aber nicht gerechtfertigt, denn Napier dachte, dass seine Tafel hauptsächlich für trigonometrische Berechnungen verwendet werden würde. Für diese Aufgabe ist die Tafel so aufgebaut, dass Sinus- und Tangenswerte gleichzeitig abgedeckt sind. Aber es wäre trotzdem hilfreich gewesen, wenn die Tafel die Differenzen der roten Logarithmuswerte angegeben hätte.

Etwas einfacher ist das Interpolationsverfahren bei Bürgis skalierter Tafel. Mit Ausnahme einiger weniger Einträge gegen Ende der Tafel, unterscheiden sich aufeinander folgende rote Logarithmuswerte immer um 1.0, und die Differenzen der schwarzen Werte sind implizit gegeben.

Briggs' skalierte Tafel hat den gleichen Vorteil. Hier sind die Differenzen zwischen den roten Logarithmuswerten explizit angegeben, und aufeinander folgende schwarze Zahlen unterscheiden sich immer um 0.001 oder 0.0001. Dazu kommt, dass die Briggs-Skalierung trivial ist, da die Logarithmuswerte immer direkt mit dem Exponenten k der Skalierung korrigiert werden.

———————

In den folgenden Jahrhunderten stellten Mathematiker viele weitere Logarithmentafeln auf. Wir können diese Entwicklung nicht im Detail darstellen, beschreiben aber eine gigantische Leistung des 19. Jahrhunderts.

17

Nach Bürgi, Napier und Briggs

Im Jahr 1848 begannen Edward Sang (1805–1890) aus Edinburgh, Schottland, und zwei seiner vier Töchter, Flora Chalmers Sang (1838–1925) und Jane Nicol Sang (1834–1878), die Arbeit an einem 47-bändigen Meisterwerk der Logarithmentafeln.[129] Sie schlossen die Arbeit 27 Jahre später ab. Sie teilten die Arbeit auf: Edward Sang schuf 26 Bände, Flora Chalmers Sang 16 Bände, und Jane Nicol Sang 5 Bände.

Die Bände 1 bis 3 erläutern die Methodik. Der Band 4 enthält Logarithmen mit 28 Stellen für alle Primzahlen bis 10 000, und ein paar darüber hinaus. Die Bände 5 und 6 enthalten 28-stellige Logarithmen für die Zahlen 1–20 000. Die Bände 7–38 liefern 15-stellige Logarithmen für die Zahlen 100 000–370 000. Die übrigen neun Bände haben Tafeln für Trigonometrie und Astronomie.

Edward Sang.[130]

Die 47 Bände wurden nie gedruckt, da die Produktionskosten zu hoch und die Nachfrage zu gering gewesen wären.

Ehe Edward, Flora und Jane Sang ihre Bemühungen begannen, wurde eine neuartige Erfindung mechanischen Rechnens vorgeschlagen, wonach Logarithmentafeln im Prinzip ohne jede menschliche Anstrengung erstellt werden konnten.

Differenzmaschine

Im Jahr 1822 entwickelte der hervorragende Ingenieur, Erfinder, Mathematiker und Philosoph Charles Babbage (1791–1871) die *Differenzmaschine* (englisch *difference engine*).[131]

Die Maschine reduzierte die Auswertung von Polynomen $a_n \cdot x^n + a_{n-1} \cdot x^{n-1} + \ldots + a_1 \cdot x^1 + a_0$ für die Werte $x = 1, 2, 3, \ldots$ auf eine Reihe von Additionen. In der Tat erforderte die Berechnung von N-Werten der Funktion etwa $n \cdot N$ Additionen und war damit sehr effizient. Die Maschine druckte die Ergebnisse in Tabellenform aus. So entfiel die von Menschen ausgeführte und damit fehlerbehaftete Übertragung der Ergebnisse.

Charles Babbage.[132]

Warum hatte sich Babbage auf die Auswertung von Polynomen konzentriert? Zu seiner Zeit hatte man bereits festgestellt, dass viele Funktionen von Interesse – wie zum Beispiel die Logarithmusfunktion – mittels Polynomfunktionen $a_n \cdot x^n + a_{n-1} \cdot x^{n-1} + \ldots + a_1 \cdot x^1 + a_0$ mit beliebiger Genauigkeit berechnet werden konnten. Die Differenzmaschine von Babbage konnte also Tafeln für viele Funktionen automatisch erstellen, insbesondere für jede Logarithmusfunktion.

Babbage konnte die Implementierung der Differenzmaschine aufgrund mehrerer Faktoren nicht vollenden, nicht zuletzt wegen der technischen Komplexität der Maschine und der vergleichsweise ineffizienten Werkzeuge für die Herstellung der Bauteile. Man schätzt heute, dass die Maschine aus etwa 25 000 Teilen bestand, mit einem Gesamtgewicht von 15 Tonnen.[133]

In der Zeit von 1847 bis 49 – etwa zu der Zeit, als Edward, Flora und Jane Sang ihre Arbeit begannen – entwickelte Babbage eine neue Version, die *Differenzmaschine Nr. 2*. Sie war wesentlich einfacher als die ursprüngliche Maschine. Auch diese Maschine wurde zu Babbages Lebzeiten nicht gebaut. Aber eine enorme Anstrengung im späten 20. und frühen 21. Jahrhundert produzierte zwei funktionierende Maschinen.

Differenzmaschine Nr. 2. Science Museum, London.[134]

Die beiden Maschinen sind nicht identisch. Eine beruht auf der ursprünglichen Konstruktion und ist jetzt in Privathand, während die zweite ein späteres Modell ist und im Science Museum in London zu sehen ist.[135] Jede Maschine hat etwa 8 000 Teile und wiegt fünf Tonnen.[136]

Babbages Erfindung der Differenzmaschine varanlasste andere Erfinder im 19. und frühen 20. Jahrhundert, einfachere Versionen zu entwickeln, die zu der Zeit auch gebaut werden konnten.[137]

Die bisherige Diskussion hat sich auf die Konstruktion und Verwendung von Logarithmentafeln und deren Umsetzung in Rechenschieber, Rechenscheibe und Rechenzylinder konzentriert. Die parallele mathematische Entwicklung[138] führte schließlich zu der modernen Definition der Logarithmusfunktion durch Euler.[139] Für eine beliebige Basis b ist der Logarithmus von y, bezeichnet mit $\log_b(y)$, wie folgt definiert.

$$\log_b(y) = x, \text{wenn } b^x = y$$

Wir beschreiben diese Entwicklung hier nicht, erwähnen aber, dass die Logarithmusfunktion zunächst auf reelle Zahlen beschränkt war, aber ab Euler auch für imaginäre und komplexe Zahlen definiert war.

Zu den Resultaten gehört Eulers berühmte Gleichung, die eine erstaunliche Verbindung zwischen Algebra und Geometrie herstellt. Die Gleichung benutzt gleichzeitig $e = 2.71828\ldots$, $i = \sqrt{-1}$, und die Kosinus- und Sinusfunktionen $\cos(x)$ und $\sin(x)$ der Trigonometrie.

$$\cos(x) + i\sin(x) = e^{ix}$$

Wenn wir Eulers Definition des Logarithmus zur Basis $b = e$ auf diese Gleichung anwenden und $\log_e$ mit ln bezeichnen, dann erhalten wir:

$$\ln(\cos(x) + i\sin(x)) = i \cdot x$$

Wir kommen zum letzten Teil des Buches, in dem wir uns mit der Frage auseinandersetzen, wer den Logarithmus erfunden hat und wann das geschah. Dies sind offensichtlich heikle Fragen, denn es gibt eine Reihe widersprüchlicher Antworten. Erstaunlicherweise scheinen die meisten gerechtfertigt zu sein. Wie ist das möglich?

In unserer Antwort stützen wir uns auf bestimmte Ergebnisse der Hirnforschung und eine modellbasierte Interpretation der Welt.[140] Das nächste Kapitel behandelt dieses Material. Das anschließende Kapitel verwendet die so gewonnen Einsicht, um zu erklären, wie widersprüchliche, aber gut begründete Antworten auf die Frage nach der Priorität möglich sind. Wie Sie sicherlich erwarten, bieten wir auch unsere eigene Meinung an.

18

Modelle der Welt

Stephen Hawking und Leonard Mlodinow prägten den Begriff des *modellabhängigen Realismus* (englisch *model-dependent realism*).[141] Danach kann man die Welt mittels Modellen erklären. Sie berufen sich auf dieses Konzept, um physikalische Modelle über den Ursprung des Universums zu rechtfertigen: zum Beispiel das Modell des Urknalls und seine Folgen, hier dargestellt mit der Zeitachse und dem sich ausdehnenden Raum.

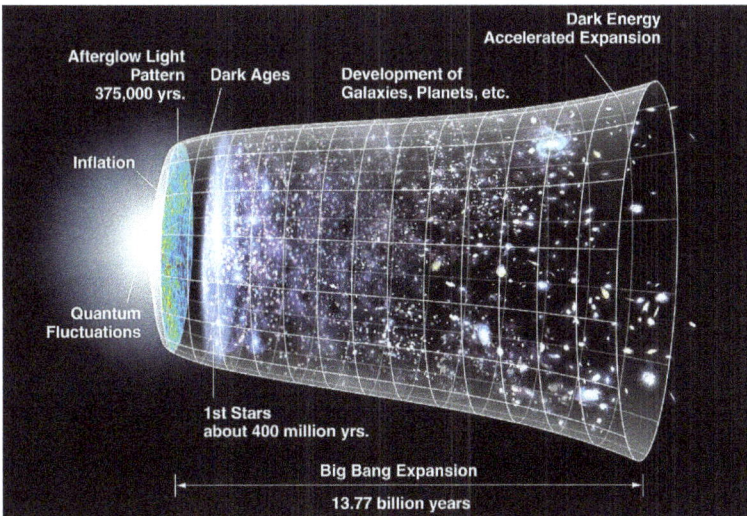

Urknall-Modell von Zeit und Raum.[142]

Im Allgemeinen beinhaltet der modellabhängige Realismus, dass wir, die Menschen der Erde, Modelle nicht nur ständig benutzen, um die Welt zu *verstehen*, sondern auch, dass wir handeln und denken, als ob diese Modelle die Welt *sind*. Der Einfachheit halber – wenn auch irreführend – nennen wir die aus den Modellen abgeleiteten Schlussfolgerungen dann *Tatsachen* der Welt, als ob sie unabhängig vom menschlichen Denken wären.

Wir betonen, dass die Hauptaussage des modellabhängigen Realismus – dass wir die Welt mit Modellen erfassen und die Modellergebnisse dann als Fakten behandeln – nicht wie ein Theorem der Mathematik bewiesen werden kann. In der Tat ist der modellabhängige Realismus ein Konzept, mit dem wir uns über Ideen, Vorschläge, Fragen, Behauptungen, Glauben, Aberglauben und Hypothesen, mit denen wir täglich konfrontiert werden, Klarheit schaffen. Damit erreichen wir Ordnung und Übersicht in unserem Denken. Hier ist ein Beispiel des Prozesses.

Ein Beispiel

Ein strenggläubiger Anhänger einer bestimmten Religion sagt: „Es gibt Glaube im Leben, und es gibt Fakten." Wir wissen nicht, wie wir „Glaube im Leben" interpretieren sollen. Aber wir sind bereit, uns auf eine Diskussion über das Wesen von Fakten einzulassen. Deshalb fragen wir nach einem Beispiel einer Tatsache. Die Antwort: „Die Schwerkraft ist eine Tatsache. Wenn ich einen Stein anhebe und dann loslasse, weiß ich mit Sicherheit, dass er wieder herunterfällt. Das ist also eine Tatsache und kein Glaube."

Ist das wirklich der Fall? Was wir wirklich wissen, ist Folgendes. Seit die Menschheit vor ein paar tausend Jahren begann, Beobachtungen aufzuzeichnen, gab es noch nie einen Bericht, in dem ein Stein von einer menschlichen Hand nach oben stieg.

Aber woher wissen wir, dass dies nicht irgendwann in der Zukunft geschehen wird?

Oder, wie es der Philosoph Ludwig Wittgenstein formulierte:[143] „Dass die Sonne morgen aufgehen wird, ist eine Hypothese; und das heißt: Wir *wissen* nicht, ob sie aufgehen wird."

Wie können wir dann sicher sein, dass das Ereignis eines aufsteigenden Steins nie stattfindet? Zum Beispiel könnte es doch so selten eintreten – zum Beispiel alle 10 000 Jahre –, dass das Ereignis, selbst wenn es beobachtet würde, als eine momentane Illusion abgetan und somit nicht aufgezeichnet würde? In der Tat behauptet die Quantenphysik, dass das Ereignis eines aufsteigenden Steins tatsächlich stattfindet, aber in Intervallen von durchschnittlich Milliarden von Jahren.

Wie reagieren wir also auf die Behauptung über Glaube und Fakten? Wir erwähnen die obigen Fragen und Schlussfolgerungen, erläutern den Begriff des modellabhängigen Realismus und zeigen schließlich, dass die behauptete Tatsache der Schwerkraft eine der Grundannahmen des Newtonschen Weltbildes ist.

Arten von Modellen

Das Konzept des Modells ist nicht nur eine menschliche Schöpfung, mit der wir erklären, dass Steine herunterfallen, Wasser bei einer bestimmten Temperatur kocht, die Sonne im Osten aufgeht und das Universum mit dem Urknall beginnt.

In der Tat verwendet unser Gehirn zahlreiche Modelle unterhalb der Bewusstseinsebene, um mit der Welt zurechtzukommen.[144] Die Ergebnisse dieser Modelle tauchen dann in unserem Bewusstsein als Entscheidungen oder Fakten auf. In gewisser Weise hat die Evolution also einen modellabhängigen Realismus in unseren Gehirnen geschaffen, bevor irgendjemand auf diese Idee kam. Die moderne Hirnforschung hat diese scheinbar fantastische Behauptung von Modellen im Gehirn bewiesen.[145]

Eines der Ergebnisse erklärt, warum wir uns müde fühlen.[146] Der Körper sagt nicht, dass er Ruhe braucht, worauf das Gehirn

entsprechend reagiert. Stattdessen hat das Gehirn Folgendes errechnet: Wenn die gegenwärtigen Anstrengungen über einen langen Zeitraum von nicht nur Stunden, sondern Tagen ohne Unter-
brechung fortgesetzt werden, dann wird der Körper geschädigt.

Daher sendet das Gehirn als Vorsichtsmaßnahme Symptome der
Ermüdung an die Bewusstseinsebene, damit wir die gegenwärtige
Tätigkeit einstellen und uns ausruhen. Zu den Symptomen gehö-
ren Gähnen, Schwierigkeiten, die Augen offen zu halten, das Be-
dürfnis, sich hinzusetzen und so weiter. Alles mit dem Ziel, dass
unser bewusster Entscheidungsprozess davon überzeugt wird, dass
der Körper ruhen sollte.

Der Einsatz dieser großen Vielfalt von Modellen – von unbewussten Prozessen des Gehirns bis hin zu abstrakten Ideen über den
Ursprung des Universums – hat auch eine Kehrseite: Ihre Verwendung führt unweigerlich zu kleinen und großen und manchmal
katastrophalen Fehlern.

Modellfehler

Zwei Bilder veranschaulichen Modellierungsfehler auf der unter-
bewussten Ebene. Beide zeigen ein kariertes Quadrat mit weißen
und schwarzen Kacheln. Eine Säule auf dem Quadrat wirft einen
Schatten. Die nächste Seite zeigt das erste Bild.

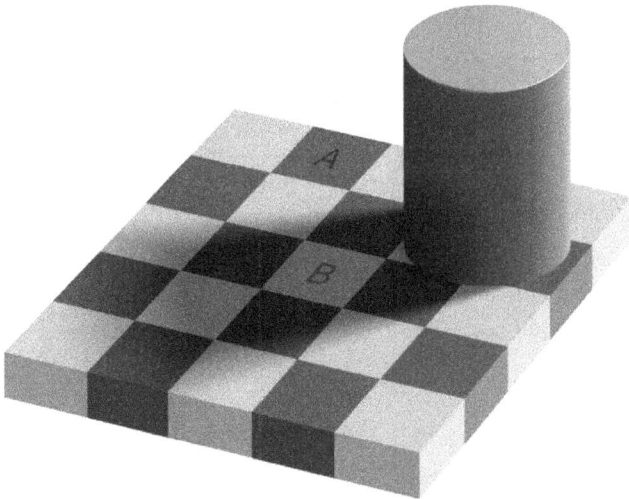

Eindruck: Quadrat A ist viel dunkler als Quadrat B.[147]

Wenn Sie nach der Farbe der beiden Quadrate mit der Bezeichnung „A" in der obersten Reihe und „B" neben dem Zylinder gefragt werden, werden Sie höchstwahrscheinlich sagen, dass das Quadrat A schwarz ist und das Quadrat B weiß. Oder, wenn Sie genauer sein wollen und extreme Begriffe wie „schwarz" und „weiß" vermeiden wollen, könnten Sie stattdessen sagen, dass die Pixel von A viel dunkler sind als die von B.

Die nächste Seite zeigt das zweite Bild. Wie Sie sehen, verbindet ein Korridor die Quadrate A und B. Dieser Korridor hat genau den gleichen Grauton wie A und B, was beweist, dass die Pixel dieser beiden Quadrate die gleiche Farbe haben!

Egal, wie oft Sie hin und her gehen und sich die beiden Bilder ansehen, Sie können die Interpretation nicht abschütteln, dass die Pixel von A im ersten Bild viel dunkler sind als die von B und dass sie im zweiten Bild den gleichen Grauton haben.

Was ist hier los?

Im ersten Bild verwendet das Gehirn ein Modell der Farbbestimmung, das den Schatten der Säule berücksichtigt. Dies geschieht auf einer Ebene unterhalb des Bewusstseins, ist also in gewissem Sinne fest verdrahtet: Ganz gleich, wie man bewusst versucht,

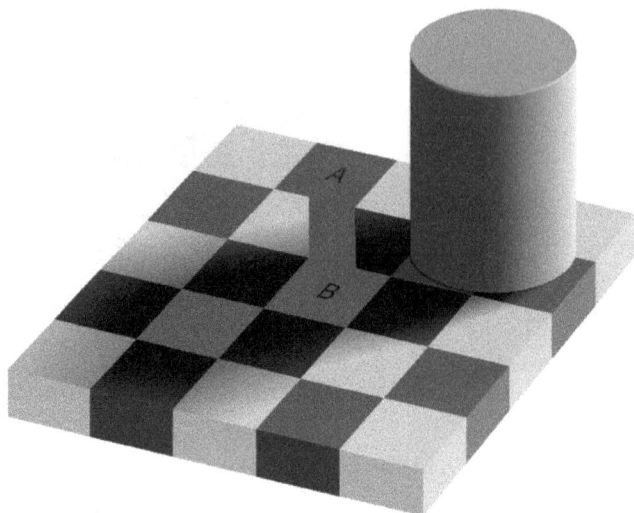

Wirklichkeit: Quadrate A und B haben denselben Grauton.[148]

dieser Interpretation entgegenzuwirken, wenn man das zweite Bild gesehen hat, besteht das Gehirn auf dieser Deutung.

Im Gegensatz dazu verwendet das Gehirn beim zweiten Bild – wiederum auf einer Ebene unterhalb des Bewusstsein – ein Modell an, das im Wesentlichen besagt, dass ein zusammenhängender Bereich, der gleichmäßig gefärbt *aussieht*, tatsächlich gleichmäßig gefärbt *ist*. Dieses Modell wird aufgerufen, um den aus A, B und dem Verbindungskorridor bestehenden Bereich auszuwerten.

Wie kann es sein, dass das Gehirn solch unterschiedliche und potenziell widersprüchliche Modelle anwendet?

Fehlerquellen

Die Erklärung ist einfach: Das Gehirn fängt bereits im Säuglingsalter oder sogar in der Gebärmutter an, Modelle der Welt zu erstellen, und fährt damit Jahr für Jahr fort. Es kann aber nicht jedes Mal überprüfen, ob ein neues Modell mit allen bisher geschaffenen Modellen im Konflikt ist. In der Tat kann es nur ein Modell ändern, wenn ein Konflikt offensichtlich wird und, was noch wichtiger ist, wenn das Gehirn überhaupt eine Möglichkeit zur Anpassung sieht.

Die Korrektur kann relativ einfach auf der Bewusstseinsebene vollzogen werden, ist aber unterhalb dieser Ebene sehr viel schwieriger. Die beiden Bilder zeigen das Problem. In der Tat, nachdem wir zwischen den beiden Bildern hin und her gependelt sind, geben wir einfach auf und erklären, dass wir das Gehirn nicht darauf trainieren können, den Konflikt zu vermeiden.

Auf der bewussten Ebene reichen die Fehler von nahezu irrelevant über signifikant bis hin zu katastrophal. Beispiele hierfür sind ein kleiner Rechenfehler, der durch das Runden von Zahlen verursacht wird; ein falsch konstruierter Kalender, der Bauern dazu verleitet, zur falschen Zeit zu pflanzen; und fanatische Behauptungen einer Religion, die dazu führen, dass Millionen von Menschen abgeschlachtet werden, nur weil sie an eine andere Gottheit glauben.

Bevor wir die Idee des modellabhängigen Realismus benutzen, wollen wir uns kurz wahre Tatsachen anschauen.

Wahre Tatsachen

Fast die gesamte moderne Mathematik besteht aus wahren Tatsachen. Das Fundament dieses erstaunlichen Gebäudes des menschlichen Denkens besteht aus Axiomen, die nichts anderes als Annahmen sind. Sie können niemals verifiziert werden, also werden sie durch Definitionen als wahr deklariert.[149]

Fast das gesamte Gebäude der Mathematik ist mittels Logik – einem besonderen Teil der Mathematik, der ebenfalls auf Axiomen beruht – erstellt worden. Deshalb besteht die Mathematik fast ausschließlich aus wahren Tatsachen.

Es gibt noch andere wahre Tatsachen. Beispiele dafür sind Aussagen wie „Ich habe starke Kopfschmerzen" und „Für mich ist der

Taj Mahal das schönste Gebäude der Welt". In der Tat beinhalten viele Teile des Lebens, die uns zu Menschen machen und uns von Maschinen unterscheiden, solche Tatsachen.

Während wir uns also hier auf den modellabhängigen Realismus stützen, um die Frage „Wer hat die Logarithmen erfunden?" zu verstehen, sind wir uns bewusst, dass es im Leben viel mehr gibt als die Erforschung der Welt mit Modellen.

Wir sind jetzt genügend vorbereitet, um die Frage „Wer hat den Logarithmus erfunden?" zu untersuchen.

19

Wer hat den Logarithmus erfunden?

Die Frage ist auf verschiedene Weise beantwortet worden.

- Briggs behauptete 1624, dass Napier der alleinige Erfinder sei.[150] Dieses Urteil hielt sich mehr als 200 Jahre lang trotz der nächsten Aussage.
- Kepler schrieb 1626, dass Bürgi viele Jahre vor Napiers Veröffentlichung eine Logarithmentafel erstellt hatte.[151]

Seit Mitte des 19. Jahrhunderts gibt es weitere Meinungen. Hier sind drei gut argumentierte Fälle:

- Bürgi und Napier sind Co-Erfinder.[152]
- Bürgi berechnete eine logarithmische Tafel, erfand aber nicht den Logarithmus. Napier erreichte beide Ziele.[153]
- Die logarithmische Funktion beginnt eigentlich mit Kepler und gipfelt in Eulers Funktionsdefinition, die eine Erweiterung auf komplexe Zahlen ermöglichte.[154]

Eine knifflige Situation. Wie können wir diese widersprüchlichen Bewertungen einordnen?

Wir berufen uns auf die Erkenntnisse aus dem vorangegangenen Kapitel. Insbesondere stützen wir uns darauf, dass das menschliche Gehirn viele Aspekte der Welt durch Modelle darstellt und dann Schlussfolgerungen, die es aus diesen Modellen zieht, zu Fakten erklärt.

Wir gehen davon aus, dass dieser Prozess zu der jetzigen, verwirrenden Situation geführt hat. Die Auflösung der widersprüchlichen Meinungen erfolgt dann nicht durch eine sorgfältige Analyse der Argumente, die zu den unterschiedlichen Schlussfolgerungen führten. Vielmehr erreichen wir Klarheit durch eine prinzipielle Untersuchung der zugrunde liegenden Modelle der Welt.

Übrigens ist dies ein allgemeines Rezept, um Klarheit zu schaffen, wenn Diskussionen über historische Ereignisse hitzig werden und nicht zu einer allgemein akzeptierten Interpretation führen. Denn ein wesentlicher Grund für die Meinungskonflikte kann sehr gut sein, dass die verschiedenen Behauptungen und Gegenbehauptungen implizit auf unterschiedlichen Grundmodellen beruhen.

Wir versuchen jetzt eine Lösung für die Frage der Priorität zu finden, wobei wir die Aspekte der Modellierung im Sinn behalten. Wir beginnen mit einem Überblick über die historischen Ereignisse.

Wichtige Ereignisse

Erstens erkennt Archimedes, dass die Multiplikation von Potenzen einer gegebenen Zahl durch Addition von Exponenten erfolgt. In der Notation von Descartes bedeutet dies zum Beispiel, dass $10^m \cdot 10^n = 10^{m+n}$.

Zweitens erfindet Apollonius von Perga Exponenten für die griechische Zahl M $= 10\,000$. Ausgedrückt mit den entsprechenden Dezimalzahlen, definiert er mit den griechischen Zahlen $\alpha = 1$, $\beta = 2, \gamma = 3, \delta = 4, \ldots$ die Zahlen

$$\overset{\alpha}{M} = 10\,000^1; \overset{\beta}{M} = 10\,000^2; \overset{\gamma}{M} = 10\,000^3; \overset{\delta}{M} = 10\,000^4; \ldots$$

Sicherlich erkennt er, dass die Addition der Exponenten gleichbedeutend ist mit der Multiplikation der Zahlen. Zum Beispiel,

$$\overset{\alpha}{M} \cdot \overset{\gamma}{M} = \overset{\alpha+\gamma}{M} = \overset{\delta}{M}$$

Drittens stellt Virasena jede Zahl x als das Produkt einer 2er-Potenz mit einer ungeraden Zahl y dar und entwickelt Regeln, die auf diesem Konzept beruhen.

Viertens definiert Stifel zwei Zahlenfolgen: Eine Folge besteht aus den Exponenten $\dots -3, -2, -1, 0, 1, 2, 3\dots$, und die andere aus den Potenzen von 2, die sich aus diesen Exponenten ergeben. Stifel ersetzt dann die Multiplikation von zwei Zahlen durch die Addition ihrer Exponenten und die Division durch die Subtraktion.

Diese vier Ideen enthalten die Prinzipien des Logarithmuskonzeptes. Reichen sie aus, um insgesamt als Erfindung des Logarithmus bezeichnet zu werden? Bevor wir uns mit dieser Frage befassen, wollen wir uns noch weitere Ereignisse anschauen.

Wenn die Idee von Stifel nützlich sein soll, muss man die beiden Zahlenfolgen so erweitern, dass die Multiplikation von *allen* Zahlen möglich wird. Bürgi und Napier erreichen dieses Ziel mit grundsätzlich verschiedenen Methoden.

Bürgi wählt eine Basis, die ein wenig größer ist als 1.0, nämlich 1.0001, und erstellt mit vergleichsweise bescheidenem Rechenaufwand eine Logarithmentafel mit der gewünschten Eigenschaft. In der Tat, die skalierte Tafel demonstriert, dass die Logarithmen 0, 1, 2, $\dots$, 23 027 eng beieinander liegende Zahlen von 1.0 bis 10.0 produzieren.

Im Gegensatz dazu erfindet Napier ein Modell von zwei sich bewegenden Punkten, die die gewünschte Liste von Zahlenpaaren ergibt. Wenn man das mit der skalierten Tafel interpretiert, verwendet er einen Faktor kleiner als 1, nämlich $1/e = 0.3678\dots$

Die Logarithmen sind für die Sinuswerte von Winkeln von 0 bis 90 Grad berechnet und reichen somit von ∞ (unendlich) bis hinunter zu 0. Die Tafel hat aber genügend Logarithmen, nämlich von 2.302 5842 bis 0, die den Zahlenbereich 0.1–1.0 abdecken und somit allgemeine Berechnungen ermöglichen.[155]

Dann hat Briggs die Idee, die Basis der Logarithmen gleich der Basis des zugrunde liegenden Zahlensystems, also gleich 10, zu wählen. Damit berechnet er eine Tafel, die in skalierter Form eine ausreichende Anzahl von Logarithmen von 0.0 bis 1.0 für die Zahlen von 1.0 bis 10.0 bietet.

Schließlich formuliert Euler die Logarithmusfunktion $\log_a(y) = x$ wenn $a^x = y$. Er erweitert diese Funktion, so dass sie auch komplexe Zahlen erfasst, und erstellt die Gleichung $\log_e(\cos(x) + i\sin(x)) = i \cdot x$.

Welche all dieser Ideen sollten wir als die Erfindung des Logarithmus erklären?

Ein erster Gedanke mag sein, dass die Antwort davon abhängt, was wir als das Wesen dieser Erfindung betrachten.[156]

- Ist es Archimedes' Vorstellung, dass die Addition von Exponenten eine Multiplikation von Zahlen bewirkt?

- Oder ist es Apollonius' Verwendung von Exponenten zur Definition von Potenzen der griechischen Zahl M = 10 000?

- Oder ist es Virasenas Darstellung einer beliebigen Zahl als das Produkt einer Potenz von 2 und einer ungeraden Zahl, plus Regeln, die auf dieser Interpretation beruhen?

- Oder ist es Stifels Arithmetik mit zwei Zahlenreihen, die demonstriert, wie Multiplikation und Division von bestimmten Zahlen, aber längst nicht allen Zahlen, auf Addition und Subtraktion reduziert werden können?

- Oder ist es die Konstruktion von großen Tafeln durch Bürgi und Napier, so dass generell Multiplikation, Division, Potenzieren und Wurzelziehen drastisch vereinfacht werden, aber die Manipulation von komplizierten Konstanten erfordern?

- Oder ist es die Erkenntnis von Briggs, dass, wenn die Basis der Logarithmen gleich der Basis des zugrunde liegenden Zahlensystems ist, solch komplizierte Konstanten vermieden werden können?

- Oder ist es Eulers Definition der Logarithmusfunktion und deren Anwendung auf komplexe Zahlen?

Welcher dieser Schritte hat im Wesentlichen zum Konzept des Logarithmus geführt?

Keine Antwort?

Wenn Sie die letzte Frage nicht beantworten können, geht es Ihnen genauso wie mir. Der Philosoph Ludwig Wittgenstein entwickelte eine Methodik zur Analyse solcher Fragen. Wenn man sie hier anwendet, stellt sich die Frage als fruchtlos heraus.[157] In der Tat haben wir den Begriff „Wesen" und die damit verbundene Frage nur eingeführt, um zu zeigen, dass abstrakte Begriffe wie „Wesen" uns irreführen können.

So geben wir jetzt die fruchtlose Suche nach dem Wesen des Logarithmus auf. Stattdessen gehen wir pragmatisch vor und untersuchen, wie das Wissen über Logarithmen im Laufe der Jahrhunderte zunahm. In einem zweiten Schritt entscheiden wir dann, wer den wichtigsten Beitrag in diesem Prozess geleistet hat.

- Es besteht kein Zweifel, dass Archimedes' erster Einsatz von Potenzen einer Zahl bahnbrechend ist. Er tat dies in einer Welt kleiner Zahlen, die mittels der Buchstaben des griechischen Alphabets kodiert waren.

- Die Anwendung dieser Idee durch Apollonius von Perga auf die Zahl M = 10 000 ist dann eine natürliche Formalisierung.

- Virasenas Faktorisierung von Zahlen mittels Potenzen von 2 und ungeraden Zahlen führt zu neuen Regeln.

- Stifels kleine Tafel zeigt, dass man Berechnungen vereinfachen kann, solange alle Zahlen als Potenzen einer fixierten Basis dargestellt werden können.

- Bürgi und Napier führen eine scheinbar unmögliche Rechenarbeit aus. Sie erstellen große Tafeln, die erreichen, was für Stifel ein Traum gewesen wäre: Vereinfachte Arithmetik für alle Zahlen.

Durch eine geschickte Wahl der Basis berechnet Bürgi die Tafel in wenigen Monaten, während Napier mit einem komplizierten Modell der Bewegung von Punkten beginnt und daher gezwungen ist, Jahre auf die Konstruktion seiner Tafel zu verwenden.

• Briggs verbessert die Effizienz, indem er 10 als Basis wählt. Dies führt zu einer zeitaufwendigen Konstruktion der Tafel, die er nie vollendete. Aber man kann eine etwas einfachere skalierte Tafel ableiten, die alle Zahlen abdeckt.

• Schließlich definiert Euler die Logarithmusfunktion und erweitert ihre Anwendung weit über die Arithmetik hinaus.

Welches war dann der wichtigste Fortschritt?

Wieder keine Antwort?

Wenn Sie auch diese Frage nicht beantworten können, geht es Ihnen wieder genauso wie mir. Es ist eben eine weitere fruchtlose Frage. Wie sollen wir also antworten, wenn jemand fragt: „Wer waren die wichtigsten Erfinder des Konzepts des Logarithmus?" Oder noch einfacher: „Wer hat den Logarithmus erfunden?"

Wir brauchen ein neues Kriterium, um diese Frage zu beantworten. Wie wäre es mit folgender Idee: Wir untersuchen, was jeweils im Rahmen des damaligen Wissens und der Werkzeuge erreicht wurde, und was die direkten Folgen waren.

Wenn wir die obige Zusammenfassung dementsprechend betrachten, finden wir ein Ergebnis, das nicht nur im Verhältnis zum vorherigen Wissen herausragt, sondern auch bezüglich der Konsequenzen: die Erstellung der Logarithmentafeln. Hier sind Argumente, die diese Bewertung bestätigen.

Zur Zeit von Bürgi, Napier und Briggs ist das Dezimalsystem nicht nur voll akzeptiert, sondern auch soweit entwickelt, dass die Notation einfach ist: Ein einziges Symbol, letzten Endes der Punkt, trennt die ganze Zahl vom Dezimalbruch. Dementsprechend ist das Rechnen von Hand bei Addition und Subtraktion leicht, aber bei Multiplikation und Division immer noch mühsam und beim Potenzieren und Wurzelziehen völlig frustrierend.

In diese Welt kommen die Logarithmentafeln von Bürgi und Napier, und später die Tafel von Briggs. Sie reduzieren diesen Aufwand um einen unglaublichen Faktor. Und so kann die wissenschaftliche Forschung in einem nie dagewesenen Tempo voranschreiten. In der Tat entsteht eine ganze Welt von Rechengeräten, die auf Logarithmen beruhen. Diese Entwicklung schreitet über Jahrhunderte voran bis 1976, dem Geburtsjahr des ersten billigen elektronischen Taschenrechners.

Wenn man diese Argumente akzeptiert, sind Bürgi und Napier Kandidaten, als Erfinder des Logarithmus zu gelten. Wer hat dann das Konzept zuerst erfunden?

Entscheidung der Priorität

Die Kriterien für die Einschätzung von Fragen der Art „Wer hat Idee X zuerst entwickelt?" sind heute sehr strikt. In einem Zeitalter, in dem alles mit minimalem Aufwand veröffentlicht werden kann, wird eine Behauptung wie „Ich habe Idee X auch unabhängig entwickelt" nicht akzeptiert, wenn das Ergebnis bereits ein Jahr vorher schon veröffentlicht wurde und mit einem angemessenen Suchaufwand hätte entdeckt werden können. Anders ausgedrückt: Das Veröffentlichungsdatum bestimmt im Allgemeinen die Priorität. Ja, hin und wieder gibt es einen Ausnahmefall, der aber in einem gewissen Sinne die generelle Regel bestätigt.

Das Kriterium des Veröffentlichungsdatums macht aber keinen Sinn, wenn wir mehrere hundert Jahre in die Zeit von Bürgi und Napier zurückgehen. Die Kommunikation über Landesgrenzen war damals schwierig und das Drucken von umfangreichen Dokumenten kostspielig und zeitaufwendig. Daher wurden Erfindungen, die Jahre voneinander ohne Wissen von konkurrierenden Resultaten erstellt wurden, als unabhängig angesehen – egal, wann und wie die Ergebnisse veröffentlicht wurden.

Wenn wir diese allgemein akzeptierte Bewertung auf den vorliegenden Fall anwenden, müssen wir nur sicherstellen, ob Bürgi und Napier unabhängig voneinander gearbeitet haben, und können den genauen Zeitpunkt der Veröffentlichung ignorieren.

Unabhängigkeit der Arbeit trifft sicherlich auf Napier zu, da er auf ungewöhnliche Weise die Logarithmuswerte von der Bewegung zweier Punkte ableitet. Aus dem Kommentar von Kepler wissen wir, dass Bürgis Berechnung seiner Logarithmentafel Napiers Veröffentlichung vorausgeht, so dass die Unabhängigkeit von Bürgis Arbeit ebenfalls gesichert ist. Daraus schließen wir, dass Bürgi und Napier unabhängige Co-Erfinder des Logarithmuskonzepts sind.

Wir betonen, dass diese Schlussfolgerung auf unserem Ansatz beruht, dass zwei Aspekte wesentlich für die Beurteilung sind. Das heißt, was haben die Erfinder jeweils im Rahmen des damaligen Wissens und der Werkzeuge erreicht, und was waren die direkten Folgen.

Wenn Sie das ebenso sehen, dann stimmen Sie wohl auch mit der obigen Schlussfolgerung überein. Wenn Sie aber eine andere Bewertung vorziehen, könnten Sie vielleicht untersuchen, warum Sie ein anderes Kriterium benutzen und wie das zu einer anderen Schlussfolgerung führt.

Die obige Diskussion mag übermäßig detailliert erscheinen. Das nächste Kapitel zeigt, warum wir uns derart mit Einzelheiten beschäftigt haben.

20

Kritische Kommentare

Für die nachfolgende Diskussion führen wir zunächst einen repräsentativen Teil der skalierten Tafeln von Bürgi, Napier und Briggs auf. Wir verwenden die frühere Konvention, bei der die Zahlen in der linken Spalte jeder Tafel schwarz und die Logarithmen in der rechten Spalte rot sind. Wir beschreiben auch kurz die Schritte, die die ursprünglichen Tafeln in die skalierten verwandelten.[158]

Bürgis skalierte Tafel

Wir führten Dezimalpunkte in Bürgis Tafel ein und dividierten die Logarithmuswerte durch 10.

y	$\log_{\text{Bürgi}}(y)$
1.000 000 00	0
1.000 100 00	1
$\dots$	
3.743 923 01	13 202
$\dots$	
9.999 997 79	23 027
$\dots$	
9.999 999 99	23 027.0022

Napiers skalierte Tafel

Wir führten Dezimalpunkte in Napiers Tafel ein und verwendeten nur Zahlen im Bereich von 0.1 bis 1.0.

y	$\log_{\text{Napier}}(y)$
0.1 000 000	2.302 5842
0.100 188 1	2.300 7056
. . .	
0.510 543 0	0.672 2802
0.510 793 2	0.671 7905
. . .	
0.999 999 8	0.000 0002
1.000 000 0	0.000 0000

Briggs' skalierte Tafel

Wir löschten redundante Einträge in Briggs' Tafel, führten Dezimalpunkte ein und sortierten die Einträge.

y	$\log_{\text{Briggs}}(y)$
1.000 0	0.000 000 000 000 00
1.000 1	0.000 043 427 276 87
. . .	
2.000 0	0.301 029 995 663 98
2.001	0.301 247 088 636 21
. . .	
8.999	0.954 194 251 815 87
9.000 0	0.954 242 509 439 32
. . .	
9.999 9	0.999 995 657 033 47
10.000 0	1.000 000 000 000 00

Im vorherigen Kapitel zogen wir die Schlussfolgerung, dass Bürgi und Napier unabhängige Co-Erfinder des Logarithmus sind. Wir untersuchen jetzt Argumente, die diese Bewertung ablehnen.

Es hat nie eine Debatte darüber gegeben, ob Napier den Logarithmus erfunden hat. Er hat ja das Wort „Logarithmus" geprägt! Unbestritten ist auch, dass er dies unabhängig tat: Sein ungewöhnlicher Ansatz mit zwei sich bewegenden Punkte beweist das eindeutig.

Keplers Aussage, dass Bürgi die Tafel viele Jahre vor Napiers Veröffentlichung fertiggestellt hat, bestätigt, dass Bürgi seine Tafel unabhängig von Napiers Arbeit aufstellte. Aber beweist Bürgis Tafel, dass er das Konzept des Logarithmus erfunden hat? Wir behaupten, dass unsere Rekonstruktion von Bürgis Arbeit das zeigt.

Es reicht aber nicht aus, dass wir das so einfach hinschreiben. Denn andere haben das Gegenteil behauptet. Wir demonstrieren jetzt, dass diese Einwände auf einem Missverständnis von Bürgis Arbeit und/oder der Anwendung unzutreffender Modelle beruhen.

Es gibt zwei wesentliche Einwände. Erstens, dass Bürgis Tafel nur eine Antilogarithmentafel ist. Daher beweist die Tafel nicht, dass er Logarithmen erfunden hat.[159] Zweitens, dass seine Tafel zwar Logarithmuswerte enthält, aber dass er den Logarithmus nicht als mathematische Funktion etabliert hat.[160] Wir gehen jetzt auf diese beiden Einwände ein.

Einwand 1

Die drei skalierten Tafeln von Bürgi, Napier und Briggs haben eines gemeinsam: Jede ist eine Sammlung von Zahlenpaaren. Wenn man eine Zahl eines Paares hat – sei sie schwarz oder rot –, dann erhält man von der Tafel die zweite Zahl. Für jede schwarze Zahl liefert die Tafel also den roten Logarithmus, und für jeden roten Logarithmus die entsprechende schwarze Zahl.

Wenn jemand kritisch einwendet, dass die Tafel von Bürgi nur eine Tafel mit Antilogarithmen ist, bedeutet das, dass man für eine gegebene rote Zahl die schwarze Zahl erhalten kann, aber nicht umgekehrt. Das leuchtet nicht ein. Es würde ebenso sinnlos sein, zu sagen, dass die Tafel von Bürgi nur eine Tafel mit Logarithmen ist. Die Tafel hat einfach beide Eigenschaften.

Erinnern Sie sich an unsere Diskussion im Einführungskapitel? Dort haben wir vorgeschlagen, dass wir den Begriff „Logarithmentafel" der Einfachheit halber auch für Antilogarithmen verwenden würden.

Nein, nein, mag jemand einwenden, Sie übersehen da etwas: Eine Logarithmentafel hat immer die Eigenschaft, dass im Falle von Dezimalzahlen die Differenz zwischen zwei aufeinanderfolgenden Zahlen konstant ist. Wir könnten zum Beispiel eine Tafel mit den Zahlen 1 000, 1 001, 1 002, 1 003, ... haben. Natürlich haben die Logarithmen dieser Tafel dann keinen gleichmäßigen Abstand.

Andererseits – so fährt der Einwand fort – sind in einer Antilogarithmentafel die Abstände der Logarithmen gleichmäßig, während die Abstände der Zahlen nicht diese Eigenschaft haben. Entsprechend dieser beiden Definitionen – so das Argument – hat Bürgi eine Antilogarithmentafel und nicht eine Logarithmentafel erstellt.

Technisch gesehen ist das Argument nicht korrekt. Am Ende von Bürgis skalierter Tafel sind fünf Logarithmenwerte sehr eng beieinander, so dass der Benutzer rote Werte für schwarze Zahlen in der Nähe von 10.0 erhält. Die letzte dieser roten Zahlen ist 23 027.0022. Sie ist ein sehr genauer Logarithmus für 10.0. Daher haben nicht alle roten Werte einen konstanten Abstand.

Offensichtlich beruht das Argument auf einem anderen Modell als unserem. Anstatt also die Schlussfolgerungen aus den Modellen zu diskutieren, sollten wir uns auf die Auswahl der Modelle konzentrieren.

Oft kann man testen, ob ein Modell korrekt ist, indem man es bei ähnlichen Situationen einsetzt und prüft, wie gut es dann funktioniert.[161] Napiers Tafel ist ein guter Testfall. Jeder stimmt überein, dass es sich um eine Logarithmentafel handelt. Aber unsere skalierte Version von Napiers Tafel, die für allgemeine Berechnungen geeignet ist, hat keine gleichmäßigen Abstände zwischen den schwarzen Zahlen oder den roten Zahlen. Die obigen Argumente führen dann zu dem Schluss, dass die skalierte Tafel weder eine Logarithmentafel noch eine Antilogarithmentafel ist.

Nein, nein, könnte jemand argumentieren, Napiers ursprüngliche Tafel hat gleichmäßig verteilte Winkel – ausgedrückt in Grad und Minuten – als schwarze Zahlen. Sie liefert dann den Logarithmus für den Sinuswert dieser Winkel. Die ursprüngliche Tafel von Napier ist also eine Logarithmentafel der Sinuswerte von Winkeln gemäß der Definition, die gleichmäßige Abstände der schwarzen Zahlen fordert. Aber für generelle Zahlen ist sie keine Logarithmentafel.

Schauen wir uns an, was Napier darüber geschrieben hat. Folio B seines Buches *Mirifici Logarithmorum Canonis Description* enthält die folgende, im Bild hervorgehobene, Aussage.

Folio B *Mirifici Logarithmorum Canonis Descriptio*, 1614.[162]

„Die Beschreibung des wunderbaren Kanons der Logarithmen und der Gebrauch davon *nicht nur in der Trigonometrie, sondern in allen mathematischen Berechnungen*, am vollständigsten und leichtesten erklärt auf die zügigste Weise." [Hervorh. K. T.][163]

Im Vorwort geht Napier auf seine Erklärung näher ein.

Vorwort *Mirifici Logarithmorum Canonis Descriptio*, 1614.[164]

„Für *alle* Zahlen, die mit den Multiplikationen und Divisionen verbunden sind und mit den langwierigen und mühsamen Aufgaben des Quadrat- und Kubikwurzelziehens, werden stattdessen andere Zahlen verwendet, die die Schritte ersetzen und nur mit Hilfe von Addition, Subtraktion und Division durch zwei oder drei ausführen." [Hervorh. K. T.][165]

Sicherlich hätte Napier darauf bestanden, dass seine Tafel auch eine Logarithmentafel für allgemeine Berechnungen ist.

Überlegen wir kurz, wie sich ein gleichmäßiger Abstand der schwarzen oder roten Zahlen auswirkt. Unabhängig davon, um welchen Fall es sich handelt, haben gleichmäßige Abstände keinen Einfluss auf die Berechnungen, außer für die Interpolation. Dieser Schritt wird durch gleichmäßige Abstände vereinfacht – unabhängig davon, welche der beiden Arten von Zahlen diese Eigenschaft hat.

Sehen Sie jetzt, warum wir den Begriff „Logarithmentafel" in der Einleitung gewählt haben?

Hätten wir dies nicht getan und die Terminologie von einem gleichmäßigen Abstand der schwarzen oder roten Zahlen abhängig gemacht, dann hätten wir in jedem Fall Napiers Arbeit in unfairer Weise herabgesetzt.

Andererseits, wenn Napiers Tafel für allgemeine Berechnungen eine Logarithmentafel sein soll – in Übereinstimmung mit Napiers eigener Wortwahl –, dann ist es nur logisch, dass wir denselben Begriff auch auf Bürgis Tafel anwenden. In der Tat würden unterschiedliche Begriffe nur verschleiern, was Bürgis und Napiers Arbeit verbindet.

Zum Schluss, was hätte Kepler wohl gesagt, wenn jemand behauptet hätte, dass Bürgis Tafel nur eine Antilogarithmentafel ist und Bürgi deshalb nicht die Logarithmen erfunden hat? Kepler hätte diese Behauptung sicherlich zurückgewiesen. Denn seine Kritik an Bürgis verzögerter Veröffentlichung der Tafel – siehe Kapitel 10 – beginnt mit folgendem Satz:[166]

„Solche logistische Zahlen führten Justus Byrgius zu *denselben Logarithmen* viele Jahre vor dem Erscheinen von Napiers System." [Hervorh. K. T.]

Offensichtlich war Kepler zu dem Schluss gekommen, dass sowohl Bürgi als auch Napier den Logarithmus erfunden hatten.

Wir kommen jetzt zum zweiten Einwand. Er besagt, dass Bürgis Tafel keine Logarithmusfunktion darstellt.

Einwand 2

Die genaue Behauptung lautet: „Bürgi hatte nie eine Vorstellung von einer logarithmischen Funktion, was ein Grund ist, warum er nicht wirklich als Erfinder der Logarithmen bezeichnet werden kann, auch wenn seine Progress Tabulen vor Napiers Tafeln erstellt wurden.

Was Bürgi hatte, war eine Beziehung zwischen zwei Zahlenreihen, die eine arithmetisch, die andere geometrisch, und eine Methode, einen Vertreter einer Zahl innerhalb einer dieser Progressionen zu finden."[167]

Die Begründung basiert zum Teil auf folgender Aussage, die als Vermutung deklariert wird: „...Bürgi hätte gesagt, dass die rote Zahl von 360 128 099.78 ist, so wie er gesagt hat, dass die rote Zahl von 36 [die gleiche] 128 099.78 ist." [rote Schrift in Übereinstimmung mit unserer Farbregel][168]

Wir haben bei der Diskussion über Bürgis Anweisungen in Kapitel 9 gesehen, dass diese Vermutung sicherlich richtig ist. In der Tat sagt Bürgi,[169] dass für 360 000 000 die rote Zahl 128 099$\overset{o}{7}$89 ist, und für 36 128 099$\overset{o}{\frac{78}{100}}$. Gemäß Bürgis Interpretation von $\overset{o}{}$, entspricht die erste der beiden roten Zahlen 128 099.789 in der skalierten Tafel und die zweite 128 099.78. Sicher sollten die beiden Zahlen gleich sein, und der Unterschied ist sicherlich auf einen Fehler im Originalmanuskript zurückzuführen oder beim Kopieren entstanden.

Die Diskussion über Bürgis Arbeit in Kapitel 9 enthielt ein erdachtes Interview, in dem Bürgi erklärte, wie er die Tafel aufstellte und die Anweisungen für ihre Verwendung entwickelte. Anstatt einfach auf dieses Interview zu verweisen, führen wir hier technische Argumente auf, die direkt auf den Einwand eingehen.

Zunächst eine Erklärung für die Zuordnung der gleichen roten Zahl zu zwei gegebenen Zahlen. Bei der Suche nach einer roten Zahl für eine gegebene Zahl, verwendet Bürgi einfach die 9 höchstwertigen Stellen der gegebenen Zahl. Er hängt Nullen an, wenn es weniger als 9 Stellen gibt. Der Dezimalpunkt der gegebenen Zahl wird vollständig ignoriert. Es gibt einen Ausnahme für das Wurzelziehen. Wir gehen hier nicht auf diesen Sonderfall ein, da Kapitel 9 ihn im Detail erläutert hat.

Die Erklärung, dass Bürgi den Dezimalpunkt der gegebenen Zahlen ignoriert, ist konsistent mit seiner Regel, wie von der endgültigen schwarzen Zahl das gewünschte Resultat abgeleitet werden soll: Der Benutzer muss für die 9-stellige schwarze Zahl die Position des Dezimalpunkts herausfinden. Zum Beispiel erklärt er bei der in Kapitel 9 beschriebenen Multiplikation,[170] dass die letzte

Zahl 3 908 804 680 *„seindt die 9 ersten Ziffern des begehrten Produkts".* Nebenbei, diese letzte Zahl ist $3.908\,804\,680 \cdot 10^{17}$.

Der Einwand ist also nicht, dass Bürgi nicht richtig rechnet, sondern, dass eine rote Zahl immer entsprechend der 9 höchstwertigen Ziffern einer gegebenen Zahl gewählt wird und damit vollkommen unabhängig von der Position des Dezimalpunkts ist. Somit wird eine unendliche Anzahl von Zahlen jeder roten Zahl zugewiesen. Die Logarithmusfunktion hat diese Eigenschaft nicht, da sie eine Eins-zu-Eins-Funktion ist. Daraus folgt, so scheint es jedenfalls, dass Bürgi kein Konzept der Logarithmusfunktion hatte.

Genauso könnte man aber auch Briggs' ursprüngliche Tafel und die daraus abgeleitete skalierte Version kritisieren. Die ursprüngliche Tafel hat nur Logarithmen für die schwarzen Zahlen in den Bereichen 1–20 000 und 90 000–100 000. Man könnte also behaupten, dass die Tafel nur teilweise die Logarithmusfunktion zur Basis 10 darstellt. Die skalierte Version, die wir von Briggs' ursprünglicher Tafel abgeleitet haben, hat nur Logarithmen für schwarze Zahlen im Bereich 1.0–10.0, so dass dieselbe Kritik zutrifft.

In der Tat trifft dieselbe Beschwerde auch auf moderne Logarithmentafeln zu, sagen wir zur Basis 10: Die Dezimalzahlen und ihre Logarithmen sind als Ziffernfolge aufgeführt, und der Benutzer muss den ganzzahligen Teil der Logarithmen herausfinden. Niemand würde jedoch bestreiten, dass eine solche Tafel eine diskretisierte Darstellung der Logarithmusfunktion ist. Die Darstellung ist nur eben sehr kompakt und basiert auf einer impliziten Konvention.

Wir müssen noch mehr in Betracht ziehen. Das Funktionskonzept wurde 1755 von Leonhard Euler (1707–1783) eingeführt, mehr als 100 Jahre nach der Zeit von Bürgi, Napier und Briggs. Es ist also nicht angebracht, Bürgi zu kritisieren, dass er seine Erfindung nicht in der Sprache der Funktionen beschreibt. Wir müssen nur sicherstellen, dass die Tafeln in der vorgesehenen Weise verwendet werden können, um mathematische Berechnungen durchzuführen, die implizit auf dem gesamten Bereich einer diskretisierten Logarithmusfunktion basieren. Das ist zweifellos der Fall.

Wenn wir nämlich die Kritik gelten lassen, dass eine mathematische Entwicklung nur dann anerkannt wird, wenn ihre Formulierung mit modernen Konzepten übereinstimmt, würden wir abstreiten, dass Leibniz und Newton die Infinitesimalrechnung erfanden. Da das Konzept der Funktion zu ihrer Zeit unbekannt war, entwickelten sie die Infinitesimalrechnung, um die Beziehung zwischen Variablen zu analysieren und nicht – wie heute – zwischen Variablen und Funktionen. So würde ein unglaublicher Meilenstein der Mathematik in einen bescheidenen Fortschritt umdefiniert werden.

Im letzten Kapitel fassen wir die wichtigsten Ergebnisse zusammen.

21

Zusammenfassung

Wir haben das Ende unserer Reise in die Geschichte der Logarithmen erreicht. Hier sind die wichtigsten Schlussfolgerungen.

- Bürgis Logarithmentafel basiert auf einer genialen Konstruktion, die nur wenige Monate Berechnungszeit erforderte. Im Gegensatz dazu basieren Napiers und Briggs' Logarithmentafeln auf umfangreichen Berechnungen, die Jahre erforderten.

- Gemäß der Titelseite von Bürgis Tafel ist es wahrscheinlich, dass er die Idee einer rudimentären Rechenscheibe hatte. Nach allen Anzeichen hat er dieses Konzept nie entwickelt. Der wahrscheinliche Grund: Er hielt die Genauigkeit der Ergebnisse wohl für unzureichend. Aber wenn er die Idee weiter verfolgt hätte, hätte er sicherlich nicht nur ein einfaches Gerät mit einer oder zwei Scheiben erfunden, sondern auch Verbesserungen entwickelt.

- Bürgi und Napier erfanden unabhängig voneinander das Konzept des Logarithmus. Da Bürgi die Veröffentlichung seiner Tafel um mindestens 11 Jahre verzögerte, galt Napier über Jahrhunderte als der alleinige Erfinder des Logarithmus. Diese Bewertung ist nicht korrekt. In der Tat stimmen die meisten Veröffentlichungen inzwischen überein, dass Bürgi und Napier Co-Erfinder sind.[171]

Aber nagende Zweifel werden immer noch geäußert. Wir haben versucht, derartige Argumente zu widerlegen, indem wir gezeigt haben, dass sie auf einem Missverständnis von Bürgis Arbeit und/oder auf der Anwendung unzutreffender Modelle beruhen.

- Briggs' Logarithmentafel zur Basis 10 ist ein bedeutender Fortschritt, da er die Verwendung von komplizierten Konstanten vollständig vermeidet.

Wir schließen mit einem persönlichen Kommentar.

Für uns war die Erforschung der Geschichte des Logarithmus voller Überraschungen. Wir hatten immer gedacht, wir hätten die verschiedenen Entwicklungen voll verstanden: Das Konzept folgte angeblich direkt aus Descartes' Notation von Exponenten für Konstanten, und die Konstruktion von Logarithmentafeln mag wohl mühsam gewesen sein, aber dennoch musste sie wohl ziemlich routinemäßig abgewickelt worden sein.

Als wir uns aber vor einigen Jahren mit der Geschichte der mathematischen Notation befassten, lernten wir, dass Descartes seine Notation *nach* der Erfindung des Logarithmus definierte – eine beunruhigende Erkenntnis. In der Tat wurde uns klar, dass wir keine vernünftige Erklärung mehr hatten, wie die Idee des Logarithmus entstanden war.

Daraufhin begannen wir mit einer detaillierten Untersuchung, bei der uns mehrere Personen wesentlich halfen. Sie sind im Abschnitt Danksagung aufgeführt. Dabei kamen wir auf die Idee, dass wir uns in die Zeit und Lage von Bürgi versetzen sollten und sozusagen zusehen würden, wie er die Idee des Logarithmus mit den damaligen Mitteln entwickelte.

Dieser Prozess ist ganz anders als die Art und Weise, wie wir mathematische Untersuchungen heute durchführen. Wenn wir zum Beispiel über Beziehungen zwischen einigen Variablen nachdenken, stellen wir uns sofort entsprechende Funktionen vor, oft

begleitet von Diagrammen, die Schlüsselmerkmale grafisch darstellen. Diese Werkzeuge gab es zur Zeit von Bürgi, Napier und
Briggs nicht.

Und so sind wir erst jetzt dazu gekommen, die bahnbrechende
Arbeit dieser Mathematiker richtig einzuschätzen.

Endnoten

„Wikipedia" ist die deutsche oder englische Wikipedia, je nach Stichwort.
Alle Internet-Links wurden im Frühjahr 2024 überprüft.

Kapitel 1 Einleitung

1. Siehe Wikipedia „Rechenschieber".

2. Siehe Wikipedia „Differenzmaschine" und „Difference engine".

3. Siehe Wikipedia „Analytical engine".

4. Siehe Wikipedia „Ada Lovelace".

5. Siehe Wikipedia „Konrad Zuse".

6. [Truemper, 2017].

7. [Truemper, 2022].

Kapitel 2 Eine scheinbar einfache Notation

8. Siehe Wikipedia „René Descartes".

9. Quelle: `https://en.wikipedia.org/wiki/Ren%C3%A9_Descarte s#/media/File:Frans_Hals_-_Portret_van_Ren%C3%A9_Descartes .jpg`. „Frans Hals - Portret van René Descartes" nach Frans Hals (1582/1583–1666) - André Hatala [e.a.] (1997) De eeuw van Rembrandt, Bruxelles: Crédit communal de Belgique, ISBN 2-908388-32-4. Lizenziert unter Public Domain via Commons.

10. Quelle: `https://en.wikipedia.org/wiki/Discourse_on_the_M ethod#/media/File:Descartes_Discours_de_la_Methode.jpg`.

„Discours de la Méthode" von Unbekannt. Lizenziert unter Public Domain via Commons.

11. Hier sind die Formeln, die die gewünschte Vereinfachung von Dividieren, Potenzieren und Wurzelziehen ermöglichen, wobei $x = a^m$ und $y = a^n$:
Division: $x/y = a^m/a^n = a^{m-n}$.
Potenzieren: $x^k = (a^m)^k = a^{m \cdot k}$.
Wurzelziehen: $\sqrt[k]{x} = (a^m)^{1/k} = a^{m/k}$.

12. Wir betonen noch einmal, dass wir in diesem Buch die englische Notation für Dezimalzahlen benutzen; d. h., der Dezimalpunkt trennt den Dezimalbruch ab.

13. Siehe Wikipedia „John Napier" und „Henry Briggs".

14. [Staudacher, 2014].

15. [Waldvogel, 2014].

16. [Clark, 2015].

17. [Oechslin, 2001].

18. Die Interpolation wird in Kapitel 6 diskutiert.

19. Dieser Aspekt von Napiers Tafel wird in Kapitel 20 ausführlich behandelt.

Kapitel 3 Exponenten

20. Das gesamte Kapitel basiert auf [Cajori, 1928].

21. Quelle: „Arithmetica von Diophantus". https://en.wikipedia.org/wiki/Arithmetica#/media/File:Diophantus-cover.jpg. Lizenziert unter Public Domain via Commons.

22. S. 343–344 [Cajori, 1928].

23. Siehe Wikipedia „Griechische Zahlzeichen".

24. Siehe Wikipedia „Archimedes".

25. S. 418–429 [Newman, 1956].

26. Quelle: Archimedes, von Domenico Fetti, 1620. https://en.wikipedia.org/wiki/File:Domenico-Fetti_Archimedes_1620.jpg. Gemäldegalerie Alte Meister, Dresden; siehe http://archimedes2.

mpiwg-berlin.mpg.de/archimedes_templates/popup.htm. Public Domain gemäß US Copyright Gesetz PD-old-100.

Kapitel 4 Michael Stifel

27. Siehe Wikipedia „Michael Stifel".

28. Quelle: https://en.wikipedia.org/wiki/Michael_Stifel#/me dia/Datei:Michael_Stifel.jpeg. „Michael Stifel" von Unbekannt. Lizenziert unter Public Domain via Commons.

29. Quelle: Stifel Arithmetica Integra. https://archive.org/detail s/bub_gb_fndPsRv08R0C/page/n5/mode/2up. Public Domain.

30. Endnote 11 zeigt, wie die Reduktionen ausgeführt werden, wenn man $a = 2$ als Basis definiert.

31. Beim Wurzelziehen musste außerdem der Exponent ein Vielfaches der Wurzel sein.

32. Wikipedia „Geschichte der Mathematik" und „Indian Mathematics" haben weitere Einzelheiten zu Dhavala und Jain-Mathematik.

33. Quelle: „Acharya Virasena" Foto von Samavasarana, eigenes Werk, CC BY-SA 4.0, https://commons.wikimedia.org/w/index.ph p?curid=45730673. Foto reduziert von K. Truemper.

Kapitel 5 Jost Bürgi

34. Siehe Wikipedia „Jost Bürgi". Mehr dazu bei [Staudacher, 2014], [Clark, 2015], [Waldvogel, 2014] und [Oechslin, 2001].

35. Quelle: https://en.wikipedia.org/wiki/Jost_B%C3%BCrgi#/m edia/File:Jost_B%C3%BCrgi_Portr%C3%A4t.jpg. „Jost Bürgi Porträt" von User Dvoigt auf de.wikipedia. Lizenziert unter Public Domain via Commons.

36. Quelle: Proportionalzirkel. https://de.wikipedia.org/w/index .php?title=Datei:Buergi_zirkelgross.jpg&filetimestamp=20060 923235538&. Public Domain nach österreichischem, deutschem und schweizer Copyright-Gesetz.

37. [Oechslin, 2001] untersucht detailliert die mathematischen Ergebnisse, die Bürgi für die Konstruktion des in diesem Kapitel auf-

geführten mechanischen Himmelsglobus entwickelt haben muss.

38. S. 189–197 [Staudacher, 2014] beschreibt Bürgis komplizierte Methode zur Berechnung von Sinuswerten und die Konstruktion einer Sinustafel von außerordentlicher Genauigkeit. Das Manuskript, das diese Methode beschreibt, galt bis zum Ende des 20. Jahrhunderts als verschollen ([Folkerts, 2014]). Eine ausführliche Interpretation der Methode unter Verwendung moderner Mathematik liefern [Folkerts et al., 2015] und [Waldvogel, 2016].

39. Quelle: https://en.wikipedia.org/wiki/Jost_B%C3%BCrgi#/media/File:JostBurgi-MechanisedCelestialGlobe1594.jpg. „Jost Buergi-Mechanised Celestial Glob2". Foto von Horology - eigenes Werk. Lizenziert unter CC BY-SA 3.0 via Commons.

40. Quelle: „Simon Stevin". Unbekannter Autor - Digitool Leiden University Library, http://socrates.leidenuniv.nl, https://commons.wikimedia.org/w/index.php?curid=72690. Public Domain.

41. Siehe Wikipedia „Simon Stevin".

42. S. 314–333 [Cajori, 1928] beschreibt die Beiträge verschiedener Mathematiker zum Dezimalsystem.

43. S. 314, [Cajori, 1928].

44. Der vollständige Titel ist *Disme: the art of tenths, or decimall arithmetike teaching how to perform all computations whatsoever, by whole numbers without fractions, by the foure principles of common arithmeticke: namely addition, subtraction, multiplication, and division. Invented by the excellent mathematician, Simon Stevin. Published in English with wholesome additions by Robert Norton, Gent.*, London, 1608. Ja, der Titel hat zwei Schreibweisen: „Arithmetike" und „Arithmeticke".

45. Die Notation wird in Bürgis Logarithmentafel und der dazugehörigen Anleitung verwendet.
An anderer Stelle benutzt er auch eine tiefgestellte kleine Null „0", siehe S. 317 [Cajori, 1928] und S. 80 [Oechslin, 2001].

46. S. 316–317 [Cajori, 1928].

47. S. 324 [Cajori, 1928].

48. [Roegel, 2010a].

Kapitel 6 Bürgis Konstruktion

49. Interpolation: Wir betrachten hier die einfachste Methode, die auch von Bürgi verwendet wird. Seien $(a, f(a))$ und $(b, f(b))$ aufeinanderfolgende Paare in einer Tafel, wobei $a < b$ und $f()$ eine monoton steigende Funktion ist. Somit ist $f(a) < f(b)$. Angenommen, wir haben einen Wert x, bei dem $a < x < b$, und wir wollen den entsprechenden Wert $f(x)$ schätzen. Da $f()$ monoton steigend ist, wissen wir $f(a) < f(x) < f(b)$. Wir berechnen zunächst das Verhältnis $r = \frac{x-a}{b-a}$ und schätzen dann $f(x)$ durch $z = f(a) + r \cdot (f(b) - f(a))$. Diese Interpolationsmethode wird *linear* genannt, weil z eine lineare Funktion von r ist. Bei komplizierteren Interpolationsverfahren, die hier nicht betrachtet werden, ist die Schätzfunktion für z nichtlinear.

50. S. 98-99 [Oechslin, 2001] diskutiert die möglichen Fälle.

51. [Waldvogel, 2014] diskutiert, wie Bürgi höchstwahrscheinlich die Überprüfung auf Rundungsfehler durchführt.

52. [Waldvogel, 2014] enthält eine detaillierte Diskussion der Auswirkung der Interpolation von Einträgen in Bürgis Tafel auf die Genauigkeit der Ergebnisse. Hier versuchen wir nachzuvollziehen, wie Bürgi über diesen Aspekt nachgedacht haben könnte.

53. Bürgi schätzt 24.153 als Logarithmuswert für 10.0 mittels Interpolation von $1.1^{24} = 9.849\,733$ und $1.1^{25} = 10.834\,706$:
$24 + (10.0 - 9.849733)/(10.834706 - 9.849733) = 24.1525\ldots$, gerundet 24.153. Der genaue Wert ist $24.1588\ldots$

54. Bürgi bestätigt die Vermutung für das Intervall der x-Werte von 0 bis 1.0. Die entsprechenden y-Werte reichen von $1.1^0 = 1.0$ bis $1.1^1 = 1.1$.
Für die Bewertung der Interpolationsgenauigkeit berechnet Bürgi das korrekte y für mehrere Exponenten x innerhalb dieses Intervalls. Er entscheidet, das Intervall in acht gleichmäßige Teile zu unterteilen, mit den Zwischenpunkten $x = 0.125, 0.250, \ldots, 0.750, 0.875$.
Nun ist $y = 1.1^{0.125} = \sqrt[8]{1.1}$, was er leicht berechnen kann, indem er die Quadratwurzel aus der Quadratwurzel aus der Quadratwurzel von 1.1 zieht und damit $y = 1.011\,985$ erhält. Durch wiederholte Multiplikation mit diesem Faktor erhält er die weiteren y-Werte $1.024\,114$, $1.036\,388$, $1.048\,809$, $1.061\,388$, $1.074\,099$, und $1.086\,972$.
Er vergleicht diese Zahlen mit den interpolierten Werten 1.0125, 1.0250, 1.0375, 1.0500, 1.0675, 1.0750, und 1.0875.
Die entsprechenden Differenzen sind 0.000 515, 0.000 886, 0.001 112,

0.001 191, 0.001 112, 0.000 901, und 0.000 527. Der maximale Fehler tritt am Mittelpunkt $x = 0.5$ auf, genau wie vermutet.

Wir haben die Berechnungen so detailliert durchgeführt, um zu zeigen, dass Bürgi tatsächlich seine Vermutung mit geringem Rechenaufwand bestätigen konnte.

Warum sollte Bürgi nicht einfach den Graphen der Funktion zeichnen, um visuell zu entscheiden, wo der größte Interpolationsfehler auftritt? Die Antwort ist nicht schwierig. Zur Zeit von Bürgi war eine solche grafische Darstellung noch nicht erfunden worden. Sie erfordert nämlich das kartesische Koordinatensystem für die Ebene. Das wurde erst im Jahr 1649 erfunden, 17 Jahre nach Bürgis Tod im Jahr 1632; siehe Wikipedia „Kartesisches Koordinatensystem".

55. Berechnung des Interpolationsfehlers für ein beliebiges Intervall:
Die Differenz $d(x)$ zwischen dem Näherungswert und dem tatsächlichen Wert ist
$$d(x) = (1.1^{x+1} + 1.1^x)/2 - 1.1^{x+0.5}$$
$$= 1.1^x \cdot ((1.1 + 1)/2 - 1.1^{0.5})$$
$$= 1.1^x \cdot (1.05 - \sqrt{1.1})$$
Dividiert man $d(x)$ durch 1.1^x, so erhält man den relativen Fehler und damit den gewünschten Wert von $D_{1.1}$.
$$D_{1.1} = d(x)/1.1^x$$
$$= 1.1^x \cdot (1.05 - \sqrt{1.1})/1.1^x$$
$$= 1.05 - \sqrt{1.1}$$
$$= 0.001 191.$$

56. Analog zu $D_{1.1}$ ist
$$D_b = (b+1)/2 - \sqrt{b}$$
Wenn man die verschiedenen Werte für b einsetzt, ergeben sich die Tabellenwerte.

57. Die genauen Zahlen sind wie folgt:
$b = 1.01 : N = 231$
$b = 1.001 : N = 2\,303$
$b = 1.0001 : N = 23\,027$
$b = 1.000\,01 : N = 230\,259$

58. Zu diesem Ergebnis kommt auch [Waldvogel, 2014] nach einer genaueren Analyse der Interpolationsfehler.

59. [Waldvogel, 2014] diskutiert den Rechenprozess im Detail,

einschließlich der Verhinderung von Rundungsfehlern durch zwei zusätzliche Ziffern – sogenannte *Schutzziffern* – plus periodische Überprüfung auf Rechenfehler.

60. Eine vollständige Analyse müsste die Auswirkungen von Ungenauigkeiten berücksichtigen, die durch Addition und Subtraktion der Logarithmen entstehen. In der gegenwärtigen Diskussion werden diese Fragen ignoriert, da Bürgi lediglich entscheidet, welche Basis zu verwenden ist. Zu diesem Zweck reichen die hier beschriebenen Ergebnisse aus.

Kapitel 7 Rechnen mit Bürgis skalierter Tafel

61. Quelle: Kepler, *Tabulae Rudolphinae*. https://archive.org/deta ils/tabulaerudolphin00kepl/page/2/mode/2up. Public Domain.

62. Quelle: Briggs, *Arithmetica Logarithmica*. https://archive.org/ details/arithmeticalogar00brig/page/88/mode/2up. Public Domain.

Kapitel 8 Bürgis Logarithmentafel

63. [Clark, 2015] hat Details über die Kopien der Tafel, die erhalten geblieben sind. Das Exemplar in bestem Zustand befindet sich in der Bayerischen Staatsbibliothek. Es ist über das Internet zugänglich: https://daten.digitale-sammlungen.de/0008/bsb00082065/ images/index.html?id=00082065&groesser=150%&fip=193.174.98.3 0&no=&seite=7. [Clark, 2015] enthält Bürgis handschriftliche Anweisungen, eine englische Übersetzung und einen Kommentar, der die Ereignisse rund um die Erstellung der Tafel durch Bürgi beschreibt.

64. Die gesamte Tafel ist verfügbar unter https://daten.digitale -sammlungen.de/0008/bsb00082065/images/index.html?id=00082 065&groesser=150%&fip=193.174.98.30&no=&seite=8 der Münchener Digitalen Bibliothek. [Waldvogel, 2014] untersucht die Berechnungsfehler der Tafel im Detail.

65. Der Eintrag 104080816 in der rechten unteren Ecke ist nicht korrekt und offensichtlich ein Setzfehler. Die nächste Seite der Tafel beginnt mit dem korrekten Wert 104080869.

66. Diese Interpretation stimmt mit [Waldvogel, 2014] überein.

67. [Waldvogel, 2014].

68. S. 24–26 [Roegel, 2010a] analysiert verschiedene Versuche, die von Bürgi gewählte Basis mit Konzepten zu erklären, die zu dessen Zeit noch nicht existierten.

Kapitel 9 Anleitung für Bürgis Tafel

69. Siehe [Clark, 2015] und [Staudacher, 2014] für die Geschichte der handschriftlichen Anleitung und deren späterer Druck.

70. [Gieswald, 1856]. [Clark, 2015] enthält den Originaltext der Anleitung zusammen mit einer englischen Übersetzung.

71. S. 27 [Gieswald, 1856]. [Gronau, 2016] enthält detaillierte Informationen über die Bücher von Jacob und Zons.

72. S. 29 [Gieswald, 1856].

73. [Gieswald, 1856]. Die angegebene schwarze Zahl 3 908 804 680 hat 10 Stellen, und die 0 am Ende der Zahl ist zuviel.

74. S. 31 [Gieswald, 1856].

75. S. 29 [Gieswald, 1856].

76. Quelle: https://commons.wikimedia.org/wiki/File:Leonhard_Euler_2.jpg. „Leonhard Euler 2" von Jakob Emanuel Handmann - 2011-12-22 (upload, gemäß EXIF data). Lizenziert unter Public Domain via Commons.

77. Quelle: https://en.wikipedia.org/wiki/Function_(mathematics)#/media/File:Function_machine2.svg. „Function machine2" von Wvbailey (talk) - Eigenes Werk. (Originaler Text: Ich habe das Werk vollständig selber gemacht.). Lizenziert unter Public Domain via Commons. Reduziert von K. Truemper.

78. Siehe Wikipedia „Funktion (Mathematik)".

79. [Roegel, 2010a] analysiert die verschiedenen Versuche, die Daten der Tafeln durch Funktionen darzustellen.

80. S. 99 [Oechslin, 2001] verbindet die ganz rechts stehende 0 der roten Zahlen mit Interpolationsaspekten.

81. Logarithmusfunktionen zur Basis 1.0001 können effizientes Rechnen nur ermöglichen, wenn sie durch zusätzliche Regeln mo-

difiziert werden, die über einfaches Skalieren der Werte herausgehen; siehe Beispiele bei [Roegel, 2010a]. Dies rührt daher, dass die direkte Verwendung der Logarithmuswerte die Addition oder Subtraktion von einem unbegrenzten Vielfachen einer Konstante erfordert, die der Bürgi-Konstanten entspricht. Dies gilt schon für Multiplikation und Division, wo das Verfahren von Bürgi höchstens die Bürgi-Konstante addiert oder subtrahiert.
Siehe auch die Diskussion am Ende dieses Kapitels. Dort vergleichen wir Bürgis Verwendung von signifikanten Stellen für die Bestimmung von schwarzen Zahlen mit dem anfänglichen Skalierungsschritt, wenn Bürgis skalierte Tafel verwendet wird.

82. Der gesamte Text der Anleitung ist bei [Gieswald, 1856] und [Clark, 2015] aufgeführt, im zweiten Fall auch mit englischer Übersetzung.

Kapitel 10 Bürgis Titelseite

83. Quelle: Titelseite. Toggenburger Museum, Lichtensteig, Schweiz. Das Museum hat freundlicherweise die Genehmigung zur Verwendung des Fotos erteilt. K. Truemper hat das Foto leicht verbessert.

84. S. 230 [Staudacher, 2014].

85. S. 227 [Staudacher, 2014].

86. Quelle: `https://en.wikipedia.org/wiki/Johannes_Kepler#/m edia/File:Johannes_Kepler_1610.jpg`. „Johannes Kepler" von Unbekannt. Lizenziert unter Public Domain via Commons.

87. [Kepler, 1627].

88. Quelle: Frontispiece. `https://commons.wikimedia.org/w/inde x.php?curid=84072939`. Public Domain.

89. Quelle: *Tabulae Rudolphinae*. `https://archive.org/details/ta bulaerudolphin00kepl/page/n37/mode/2up`. Public Domain.

90. Die Übersetzung beruht auf der zweisprachigen Version der *Tabulae Rudolphinae*; siehe [Kepler, 1627].

Kapitel 11 Geometrisches Rechnen

91. Quelle: Titelseite. Toggenburger Museum, Lichtensteig, Schweiz. Das Museum hat freundlicherweise die Genehmigung zur Verwen-

dung des Fotos erteilt. Bild geändert von K. Truemper.

92. Diese einfache Beobachtung wurde mehrmals seit dem 19. Jahrhundert gemacht. Hier untersuchen wir, warum Bürgi diese Idee nicht weiterverfolgt hat, falls auch er sie hatte.

93. Multiplikation, Division und die Berechnung von niedrigen Potenzen, zum Beispiel für Exponenten 2 oder 3, können ohne die roten Zahlen durchgeführt werden. Aber Wurzelziehen erfordert die roten Zahlen oder – besser und einfacher – eine zusätzliche lineare Skala von 0.0 bis 1.0, die wir in Kapitel 12 behandeln.

94. Quelle: Ring der schwarzen Zahlen. Toggenburger Museum, Lichtensteig, Schweiz. Das Museum hat freundlicherweise die Genehmigung zur Verwendung des Fotos erteilt. Bild geändert von K. Truemper.

95. Siehe Wikipedia „William Oughtred".

96. Quelle: `https://en.wikipedia.org/wiki/William_Oughtred#/media/File:Wenceslas_Hollar_-_William_Oughtred.jpg`. „William Oughtred" von Wenceslaus Hollar - Kunstwerke aus der Wenceslaus Hollar Digitalen Sammlung der Universität Toronto. Gescannt von der Universität Toronto. Hochauflösende Version extrahiert mit speziellem Werkzeug von Benutzer:Dcoetzee. Lizenziert unter Public Domain via Commons.

97. Quelle: Rechenscheibe. Foto von Rod Lovett und Ted Hum der Oughtred Society. `http://osgalleries.org/classic/page2.cgi`. Die Oughtred Society hat freundlicherweise die Genehmigung zur Verwendung des Fotos erteilt.

98. Quelle: Zwei Ringe. Toggenburger Museum, Lichtensteig, Schweiz. Das Museum hat freundlicherweise die Genehmigung zur Verwendung des Fotos erteilt, aus dem I. Truemper den schwarzen Ring herausnahm und mit einer kleineren Kopie zusammensetzte.

99. Rechenscheibe mit Plastikscheiben, die die oben zitierten Ringe der schwarzen Zahlen enthalten, von K. Truemper. Foto in Public Domain unter Creative Commons CC0.

100. Quelle: Gunters Lineal. Foto von Rod Lovett und Ted Hum der Oughtred Society. `http://osgalleries.org/classic/page2.cgi`. Die Oughtred Society hat freundlicherweise die Genehmigung zur Verwendung des Fotos erteilt.

101. Ein nicht-kollabierender Zirkel schnappt nicht zusammen,

wenn man ihn von der Oberfläche abhebt. Die meisten Zirkel sind dieser Art, und der kollabierende Zirkel ist eher ein mathematisches Konzept. Siehe Wikipedia „Kollabierender Zirkel".

102. Eine große Vielfalt an Rechenschiebern, Rechenscheiben und Rechenzylindern, die in den 350 Jahren nach Oughtreds Erfindungen entwickelt wurden, sind bei `https://americanhistory.si.e du/collections/object-groups/slide-rules` aufgeführt.

103. Quelle: Thachers Rechenzylinder. Siehe Wikimedia `https:// commons.wikimedia.org/wiki/File:Senator_John_Heinz_History_C enter_-_IMG_7824.JPG`. Public Domain.

104. [Roegel, 2015].

105. Quelle: Taschenrechner KL-1. Siehe Wikipedia „Slide Rule". Autor Autopilot. `https://en.wikipedia.org/wiki/Slide_rule#/me dia/File:Slide_rule_pocket_watch.jpg`. Lizenziert unter CC BY-SA 3.0 Unported. Eine englische Gebrauchsanweisung für diesen in Russland produzierten Rechner gibt es bei `https://www.slider ulemuseum.com/Manuals/KL-1_RussianCircularSlideRule.pdf`.

Kapitel 12 Bau einer Rechenscheibe

106. Im Wesentlichen simulieren Potenzieren und Wurzelziehen mittels einer linearen Skala von 0.0 bis 1.0 die entsprechenden Schritte mittels Briggs' Logarithmentafel. Siehe die Beschreibung in Kapitel 15.

Kapitel 13 John Napier

107. [Havil, 2014]. Siehe auch Wikipedia „John Napier".

108. Quelle: `https://en.wikipedia.org/wiki/John_Napier#/media /File:John_Napier.jpg`. „John Napier" von Unbekannt - gescannt von `http://www-history.mcs.st-and.ac.uk/history/PictDisplay /Napier.html`. Public Domain unter US Copyright Gesetz PD-old-100.

109. Napiers Rechenstäbchen. Wikimedia. Autor Stephencdickson. `https://commons.wikimedia.org/wiki/File:An_18th_century_set_ of_Napier%27s_Bones.JPG`. Geändert, um den Hintergrund zu eliminieren. Lizenziert unter Creative Commons BY-SA 4.0.

110. „Napiers Rechenstäbchen" klingt wesentlich netter als das ur-

sprüngliche englische „Napier's Bones" (Napiers Knochen).

111. Eine detaillierte Diskussion von Napiers Rechenstäbchen und verschiedenen von ihnen inspirierten Rechengeräten liefert `https://history-computer.com/CalculatingTools/NapiersBones.html`.

112. Für kleines dy ist die Zeit für den Weg von y bis $y + dy$ ungefähr gleich $\frac{dy}{(N-y)}$. Durch Integration erhalten wir

$$T(z) = \int_0^z \frac{dy}{N-y} = -\ln(N-y)\Big|_0^z = \ln(N) - \ln(N-z)$$

wobei ln der natürliche Logarithmus ist.

113. Quelle: Napiers *Mirifici*. `https://archive.org/details/mirificilogarit00napi/page/n7/mode/1up`. Public Domain.

114. Die deutsche Übersetzung basiert auf der englischen Version in [Bruce, 2012].

115. Quelle: Vorwort *Mirifici*. `https://archive.org/details/mirificilogarit00napi/page/n11/mode/2up`. Public Domain.

116. Quelle: Teil einer Seite *Mirifici*. `https://archive.org/details/mirificilogarit00napi/page/n83/mode/2up`. Public Domain.

117. [Bruce, 2012].

Kapitel 14 Rechnen mit Napiers Tafel

118. Quelle: Erste Seite *Mirifici*. `https://archive.org/details/mirificilogarit00napi/page/n73/mode/2up`. Public Domain.

119. Napiers Logarithmuswert 2.302 5842 ist in LIB. I, CAP. IV, folio C3 recto, #9 *Mirifici Logarithmorum Canonis Descriptio* aufgeführt. Der Wert weicht von dem exakten $\log_{1/e}(0.1) = 2.302\,585\,0929\ldots$ an der 6. Stelle nach dem Dezimalpunkt ab. Durchgehend verwenden wir den interpolierten Wert, um vollständige Übereinstimmung der skalierten Tafel mit Napiers Werten und Anweisungen zu gewährleisten.

Kapitel 15 Henry Briggs

120. [Bruce, 2004] enthält biografische Notizen über Briggs. Siehe auch Wikipedia „Henry Briggs".

121. [Roegel, 2010c] rekonstruiert *Logarithmorum Chilias Prima*.

122. [Bruce, 2004] enthält eine kommentierte Übersetzung von *Arithmetica Logarithmica*. [Roegel, 2010b] rekonstruiert *Arithmetica Logarithmica*.

123. Quelle: Briggs *Logarithmorum Chilias Prima*. http://www.pmon ta.com/tables/logarithmorum-chilias-prima/index.html. Ebenso https://commons.wikimedia.org/w/index.php?curid=43431356. Public Domain.

124. Quelle: Briggs *Arithmetica Logarithmica*. https://archive.or g/details/arithmeticalogar00brig/page/n5. Public Domain.

125. Quelle: Briggs *Arithmetica Logarithmica*. https://archive.or g/details/arithmeticalogar00brig/page/n129/mode/2up. Public Domain.

126. In der folgenden Diskussion leiten wir die Zahlen und ihre Logarithmen direkt aus den Einträgen der Tafel von Briggs ab. J. Waldvogel hat darauf hingewiesen, dass die Zahlen in Briggs' Tafel in mehreren Fällen nicht ganz korrekt sind. Wir ignorieren diesen Aspekt hier, damit die skalierte Tafel mit Briggs' Tafel voll übereinstimmt.

127. [Bruce, 2004].

Kapitel 16 Genauigkeit und Effizienz

128. [Waldvogel, 2014] untersucht gründlich die Genauigkeit von Berechnungen, die Bürgis Tafel bietet.

Kapitel 17 Nach Bürgi, Napier und Briggs

129. [Craik, 2003] beschreibt Edward Sangs Lebensgeschichte und Werk, insbesondere die Erstellung der 47 Bände.

130. Quelle: „Edward Sang". School of Mathematics and Statistics, University of St. Andrews, Scotland. http://mathshistory.st-an drews.ac.uk/PictDisplay/Sang.html Public Domain unter US Copyright Gesetz PD-old-100.

131. Siehe Wikipedia „Differenzmaschine" und „Charles Babbage".

132. Quelle: „Charles Babbage". Unknown author. https://en.wik

ipedia.org/wiki/Charles_Babbage#/media/File:Charles_Babbage_-_1860.jpg. Public Domain.

133. Siehe Wikipedia „Differenzmaschine" und „Charles Babbage".

134. Quelle: https://en.wikipedia.org/wiki/Charles_Babbage#/media/File:Babbage_Difference_Engine.jpg. "Difference Engine No. 2" Foto von User:geni. Lizenziert unter CC BY-SA 2.0 via Common.

135. Siehe Wikipedia „Charles Babbage".

136. Siehe http://www.computerhistory.org/babbage/

137. Siehe Wikipedia „Differenzmaschine" und „Difference engine".

138. [Gronau, 2016] beschreibt die Hauptereignisse bis zur Zeit von Euler.

139. Siehe Wikipedia „Eulersche Formel".

140. Wir haben diesen Ansatz bereits im Rahmen einer Untersuchung der Frage, ob Mathematik entsteht oder entdeckt wird, benutzt. Siehe [Truemper, 2017] und [Truemper, 2022].

Kapitel 18 Modelle der Welt

141. [Hawking and Mlodinow, 2010]. Siehe auch Wikipedia „Model-dependent realism".

142. Quelle: Big Bang Modell. NASA/WMAP Science Team - Originale Version: NASA; modifiziert von Cherkash. https://commons.wikimedia.org/w/index.php?curid=11885244. Public Domain.

143. Absatz 6.36311 [Wittgenstein, 1963].

144. Die nachfolgende Diskussion vereinfacht wesentlich das komplexe Zusammenspiel der unbewussten Prozesse des menschlichen Nervensystems mit den bewussten Prozessen. Zum Beispiel wird ignoriert, dass komplexe Modelle im Körper außerhalb des Gehirns erstellt werden. Wir haben die vereinfachte Darstellung gewählt, da sie für unsere Zwecke ausreicht. Eine ausführlichere Beschreibung, die die wichtigsten Interaktionen zwischen unbewussten und bewussten Prozessen berücksichtigt, bietet [Truemper, 2023].

145. Siehe Wikipedia „Gehirn" und „Gehirnentwicklung beim Men-

schen".

146. S. 211, 212 [Grafton, 2020].

147. Wikipedia „Checker shadow illusion". Von Edward H. Adelson, eigenes Werk, vektorisiert von Pbroks13. `https://en.wikiped ia.org/wiki/Checker_shadow_illusion#/media/File:Checker_shad ow_illusion.svg`. Lizenziert unter CC BY-SA 4.0 via Commons.

148. Wikipedia „Checker shadow illusion". Von Edward H. Adelson, eigenes Werk, vektorisiert von Pbroks13. `https://en.wikiped ia.org/wiki/Checker_shadow_illusion#/media/File:Grey_square_ optical_illusion_proof2.svg`. Lizenziert unter CC BY-SA 4.0 via Commons.

149. Dieser Paragraph stellt die Situation sehr vereinfacht dar. Die Axiome stehen zum Teil im Konflikt, und deren Verwendung erfordert eine Auswahl. Ebenso gibt es stark voneinander abweichende Meinungen, ob gewisse Axiome überhaupt akzeptiert werden sollten. [Truemper, 2017] behandelt einige wichtige Fälle.

Kapitel 19 Wer hat den Logarithmus erfunden?

150. Siehe Kapitel 15.

151. Siehe Kapitel 10.

152. [Gieswald, 1856].

153. [Roegel, 2010a].

154. [Gronau, 2016].

155. Die Zahl 2.302 5842 ist in den Anweisungen von Napier aufgeführt; siehe Kapitel 14. Die genaue Zahl ist 2.302 585 0929 . . .

156. Für eine tiefere Einsicht in das Wesen der Logarithmuserfindung mag man versucht sein, ganz frühe Resultate, die wir jetzt mit dem Logarithmus verbinden, zu berücksichtigen. Insbesondere kommt man dann zu dem Schluss, dass die Stellennotation für Zahlen irgendwie mit der Idee des Logarithmus verbunden ist. Denn diese Notation führt ja dazu, dass die Darstellung der Zahl nur logarithmisch viel Platz erfordert.
Wir sind anderer Meinung. Vor etwa 5 000 Jahren haben die Babylonier das Stellenwertsystem der Zahlen zur Basis 60 erfunden. Sie ließen in einer Zahl eine kleine Lücke, wenn die Zahl keinen Wert

für diese Stelle hatte. Das führte natürlich zu Verwirrung, da man eine Zahl mit einer leeren Stelle fälschlicherweise als zwei Zahlen interpretieren konnte. Später wurde ein Symbol entwickelt, das diese Leerstelle vertrat.

Können wir also schließen, dass die Babylonier implizit den Logarithmus schon erfunden haben? Unserer Meinung nach nicht. Denn dann verbinden wir das babylonische System mit einer Idee, die Bürgi und Napier erst im 17. Jahrhundert für effizientes Rechnen entwickelten.

Anders ausgedrückt: Die Babylonier haben nicht gewusst, dass ein Wert – der Logarithmus – für jede Zahl berechnet werden kann, so dass man Multiplikation, Division, Potenzieren und Wurzelziehen leicht durchführen kann.

157. [Wittgenstein, 1958] liefert eine allgemeine Methodik für die Analyse von verwirrenden philosophischen Fragen. Er verwendet *Sprachspiele*. Für eine kompakte Einführung, siehe [Fann, 2015]. Kapitel 9 [Truemper, 2017] enthält eine kurze Zusammenfassung.

Wir skizzieren Argumente, die auf die vorliegende Situation eingehen. Die Frage „Welcher Schritt hat im Wesentlichen den Logarithmus geschaffen?" erfordert implizit eine Antwort auf „Was ist das Wesen des Logarithmus?" Für eine Lösung der letzteren Frage ist die folgende Aussage von [Wittgenstein, 1958] relevant:

> „116. Wenn die Philosophen ein Wort gebrauchen – ‚Wissen', ‚Sein', ‚Gegenstand', ‚Ich', ‚Satz', ‚Name' – und das *Wesen* des Dings zu erfassen trachten, muß man sich immer fragen: Wird denn dieses Wort in der Sprache, in der es seine Heimat hat, je tatsächlich so gebraucht?—
> *Wir* führen die Wörter von ihrer metaphysischen, wieder auf ihre alltägliche Verwendung zurück." [Hervorh. im Original]

Wittgensteins Kritik trifft auch zu, wenn wir ein Alltagswort wie „Tafel", „Stuhl" oder, in unserem Fall, „Logarithmus" untersuchen und versuchen, die Essenz sozusagen abstrakt zu definieren – das heißt, wenn wir die tatsächlichen Situationen, bei denen das Wort benutzt wird, ignorieren und versuchen, das Wesen losgelöst von den verschiedenen Verwendungen zu bestimmen.

Man kann natürlich von dem Wesen einer Sache sprechen, wenn man sich auf eine bestimmte Situation beschränkt. Aber die Frage nach dem Wesen losgelöst von solchen Fällen führt typischerweise zu einer verwirrenden philosophischen Diskussion.

Kapitel 20 Kritische Kommentare

158. Wir betonen noch einmal, dass wir die Zahlen und Logarithmen direkt aus den Einträgen der gegebenen Tafeln abgeleitet haben. J. Waldvogel hat darauf hingewiesen, dass in mehreren Fällen die Werte der Tafeln nicht ganz korrekt sind. Wir ignorieren diesen Aspekt hier, damit die skalierten Tafeln völlig mit den ursprünglichen übereinstimmen.

159. Das Argument, Bürgi habe nur eine Tafel der Antilogarithmen erstellt, erscheint immer wieder in – manchmal subtilen – Behauptungen, die bestreiten, dass er Logarithmenwerte erstellt hat. Zum Beispiel sagt S. 216–217 [Grattan-Guinness, 1994], hier ins Deutsche übersetzt: *„Bürgi hat nicht von Logarithmen gesprochen. Er wendet nur die entsprechenden Regeln des Rechnens mit Potenzen an* und vereinte die ‚roten Zahlen' in einer arithmetischen Reihe mit den ‚schwarzen Zahlen' in einer geometrischen Reihe. Diese Konstruktion wurde später eine ‚Antilogarithmentafel' genannt, da die ‚Logarithmen' (rote Zahlen) gleichmäßig verteilt sind, und die Numeri (die schwarzen Zahlen) in variablen Abständen."* [Hervorh. K. T.]

160. [Roegel, 2010a].

161. Diese Idee ist nichts anderes als ein spezieller Fall von Wittgensteins Sprachspielen zur Lösung philosophischer Probleme; siehe [Wittgenstein, 1958]. Das heißt, jeder Test eines Modells ist ein bestimmtes Sprachspiel.

162. Quelle: Folio B *Mirifici.* https://archive.org/details/miri ficilogarit00napi/page/n15/mode/2up. Public Domain.

163. Die deutsche Übersetzung basiert auf der englischen Version in [Bruce, 2012].

164. Quelle: Vorwort *Mirifici.* https://archive.org/details/miri ficilogarit00napi/page/n11/mode/2up. Public Domain.

165. Die deutsche Übersetzung basiert auf der englischen Version in [Bruce, 2012].

166. Kapitel 10 enthält das gesamte Zitat von Keplers *Tabulae Rudolphinae*.

167. [Roegel, 2010a]. Übersetzung K. T.

168. [Roegel, 2010a]. Übersetzung K. T.

169. S. 29 [Gieswald, 1856].

170. Siehe Kapitel 9 und S. 29 [Gieswald, 1856].

Kapitel 21 Zusammenfassung

171. [Staudacher, 2014] argumentiert nachdrücklich für die Schluss-folgerung, dass Bürgi und Napier Co-Erfinder sind.

Literaturverzeichnis

[Bruce, 2004] Bruce, I. (2004). Briggs' ARITHMETICA LOGA-RITHMICA - translated and annotated. http://www.17centur ymaths.com/contents/albriggs.html.

[Bruce, 2012] Bruce, I. (2012). John Napier: Mirifici Logarith-morum Canonis Descriptio... & Constructio... - translated and annotated. http://www.17centurymaths.com/contents/napier contents.html.

[Cajori, 1928] Cajori, F. (1928). *A History of Mathematical Notations, Vol. I: Notations in Elementary Mathematics.* Open Court Publishing Company; https://archive.org/details/in.ernet.d li.2015.200372/mode/2up.

[Clark, 2015] Clark, K. (2015). *Jost Bürgi's Aritmetische und Geometrische Progreß Tabulen (1620) – Edition and Commentary.* Birkhäuser.

[Craik, 2003] Craik, A. D. D. (2003). The logarithmic tables of Edward Sang and his daughters. *Historia Mathematica*, vol. 30; https://www.sciencedirect.com/science/article/pii/S0 315086002000186.

[Fann, 2015] Fann, K. T. (2015). *Wittgenstein's Conception of Philosophy.* Partridge Publishing.

[Folkerts, 2014] Folkerts, M. (2014). Eine bisher unbekannte Schrift von Jost Bürgi zur Trigonometrie. *Arithmetik, Geometrie und Algebra in der frühen Neuzeit.* Gebhardt, R. (Ed.), Adam-Ries-Bund, Annaberg-Buchholz, S. 107–114.

[Folkerts et al., 2015] Folkerts, M., Launert, D., and Thom, A. (2015). Jost Bürgi's method for calculating sines. Cornell University: ArXiv.org:1510.03180.

[Gieswald, 1856] Gieswald, H. R. (1856). *Justus Byrg als Mathematiker, und dessen Einleitung in seine Logarithmen.* St. Johannisschule, Danzig, Prussia; erhältlich bei der Bayerischen Staatsbibliothek `http://mdz-nbn-resolving.de/urn:nbn:de:bvb:12-b sb10979407-8`.

[Grafton, 2020] Grafton, S. (2020). *Physical Intelligence: The Science of How the Body and the Mind Guide Each Other Through Life.* Penguin Random House.

[Grattan-Guinness, 1994] Grattan-Guinness, I. (1994). *Companion Encyclopedia of the History and Philosophy of the Mathematical Sciences.* Routledge Inc.

[Gronau, 2016] Gronau, D. (2016). Wie die Logarithmen zu ihren Namen kamen. Tagungsband *XIII. Österreichisches Symposion zur Geschichte der Mathematik*, Österreichische Gesellschaft für Wissenschaftsgeschichte, Miesenbach, Austria, 2016.

[Havil, 2014] Havil, J. (2014). *John Napier – Life, Logarithms, and Legacy.* Princeton University Press.

[Hawking and Mlodinow, 2010] Hawking, S. and Mlodinow, L. (2010). *The Grand Design.* Bantam Books.

[Kepler, 1627] Kepler, J. (1627). *Tabulae Rudolphinae (Rudolphine Tables).* `https://archive.org/details/tabulaerudolphin00kepl /page/n1/mode/2up`. Ein 2014 herausgegebenes Buch hat den ursprünglichen lateinischen Text und eine deutsche Übersetzung. Das Buch benutzt die Fonts und Grafiken des Originaltextes für beide Versionen – eine erstaunliche Leistung. Titel: *Die Rudolphinischen Tafeln.* Herausgeber: Jürgen Reichert. Verlag: Königshausen & Neumann, 2014. Siehe `https://www.amazon.de/Die-Rudo lphinischen-Tafeln-J%C3%BCrgen-Reichert/dp/3826053524`.

[Newman, 1956] Newman, J. R. (1956). *The World of Mathematics*, Band I-IV. Simon & Schuster; erhältlich auf der Webseite `https://archive.org/index.php` unter „james newman world of mathematics".

[Oechslin, 2001] Oechslin, L. (2001). *Jost Bürgi*. Verlag Ineichen.

[Roegel, 2010a] Roegel, D. (2010a). Bürgi's Progress Tabulen (1620): logarithmic tables without logarithms. Research Report inria-00543936. `https://hal.inria.fr/inria-00543936`.

[Roegel, 2010b] Roegel, D. (2010b). A reconstruction of Briggs' Arithmetica logarithmica (1624). Research Report inria-00543939. `https://hal.inria.fr/inria-00543939`.

[Roegel, 2010c] Roegel, D. (2010c). A reconstruction of Briggs' Logarithmorum chilias prima (1617). Research Report inria-00543935. `https://hal.inria.fr/inria-00543935`.

[Roegel, 2015] Roegel, D. (2015). A new milestone: the first 7-8 places 2000 meters logarithmic slide cylinder. LORIA Research Report BP 239.

[Staudacher, 2014] Staudacher, F. (2014). *Jost Bürgi, Kepler und der Kaiser*. 4. Auflage. Verlag NZZ.

[Truemper, 2017] Truemper, K. (2017). *The Construction of Mathematics – The Human Mind's Greatest Achievement*. Leibniz Company.

[Truemper, 2022] Truemper, K. (2022). *Wittgenstein and Brain Science: Understanding the World*. Leibniz Company.

[Truemper, 2023] Truemper, K. (2023). *Subconscious Blunders: A 21st Century Epidemic*. Leibniz Company.

[Waldvogel, 2014] Waldvogel, J. (2014). Jost Bürgi and the discovery of the logarithms. *Elemente der Mathematik*, vol. 69, S. 89–117.

[Waldvogel, 2016] Waldvogel, J. (2016). Jost Bürgi's Artificium, an ingenious algorithm for calculating tables of the sine function. *Elemente der Mathematik*, vol. 71, S. 89–99.

[Wittgenstein, 1958] Wittgenstein, L. (1958). *Philosophische Untersuchungen*. Ursprünglich auf Englisch veröffentlicht vom Basil Blackwell Verlag, 1958: *Philosophical Investigations*. Deutsche Version veröffentlicht vom Suhrkamp Verlag, 1977:

Philosophische Untersuchungen. Deutsche und englische Version erhältlich bei archive.org `https://archive.org/deta ils/philosophicalinv0000witt_f0f3/page/n5/mode/2up` sowie bei `https://www.wittgensteinproject.org/w/index.php/Phil osophische_Untersuchungen`.

[Wittgenstein, 1963] Wittgenstein, L. (1963). *Tractatus Logico-Philosophicus.* Ursprüngliche Veröffentlichung in *Annalen der Naturphilosophie* 14 (1921): Logisch-Philosophische Abhandlung. Erste deutsch/englische Version 1922 vom Verlag Routledge & Kegan Paul Ltd: *Tractatus Logico-Philosophicus.* Zweite korrigierte Übersetzung 1963 von demselben Verlag. Die Webseite `people.umass.edu/klement/tlp/tlp.pdf` hat die deutsche Version und die beiden englischen Übersetzungen.

Danksagung

Die folgenden Personen und Institutionen halfen maßgeblich bei der Erstellung des Buches:

Englische Ausgabe: B. Braunecker, R. G. De Cesaris, K. Clark, M. Grötschel, G. Gupta, L. Oechslin, M. Opperud, Oughtred Society, F. Staudacher, P. Ullrich und J. Waldvogel.

Deutsche Ausgabe: Wir benutzten verschiedene Übersetzerprogramme, vor allem DeepL. Bei der Überprüfung halfen vor allem M. Grötschel, P. Gritzmann und M. Opperud mit Rat und Tat. Zusätzlich unterstützte M. Jünger das Projekt.

I. Truemper und U. Truemper waren geduldige Herausgeber.

Die University of Texas in Dallas – unsere Heimatinstitution – stellte wesentliche Ressourcen zur Verfügung.

Wir danken ihnen allen sehr für ihre Hilfe.

K. T.

Index

www.ingramcontent.com/pod-product-compliance
Lightning Source LLC
Chambersburg PA
CBHW060604200326

41521CB00007B/661